메가스터디 N제

수능영역 수학 Ⅱ | 3점 공략

214제

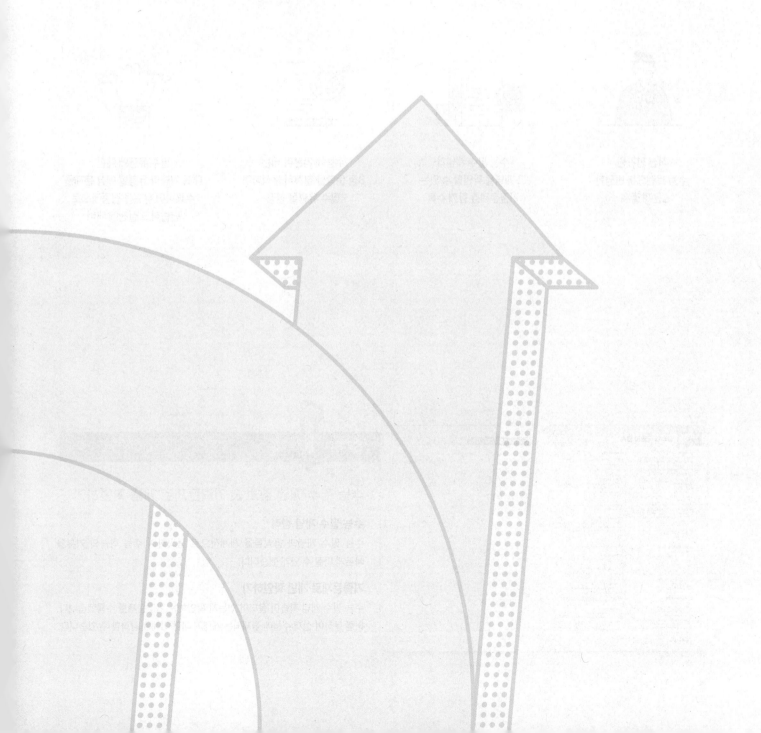

이 책의 **구성과 특징**

높아진 공통과목의
중요성만큼이나
높아진 공통과목의 난도

▶ ▶ ▶

난도가 높아질수록 탄탄한 기본기가 필요합니다.
기본이 탄탄해야 3점 문항들은 물론 고난도 문항을 풀 수 있는 힘이 생깁니다.

메가스터디 N제 3점 공략의 **STEP 1, 2, 3**의 단계를 차근차근 밟으면
탄탄한 기본을 바탕으로 고난도 문항에 도전할 수 있는 종합적 사고력을 기를 수 있습니다.

메가스터디 N제 **수학Ⅱ 3점 공략**은

최신 평가원,
수능 트렌드를 반영한
문제 출제

수능 필수 개념과
그 개념을 확인할 수 있는
기출문제를 함께 수록

수능에 기본이 되는
3점 문항을 철저히 분석하여
필수 유형을 선정

필수 유형에 대한
대표 기출과 유형별 예상 문제를
수록하여 유형을 집중적으로
연습하고 실전에 대비

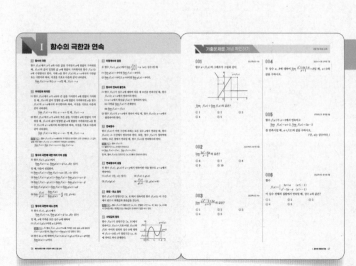

STEP 1

수능 필수 개념 정리 & 기출문제로 개념 확인하기

수능 필수 개념 정리

수능 필수 개념과 공식들을 체계적으로 정리하여 수능 학습의 기본을
빠르게 다질 수 있게 했습니다.

기출문제로 개념 확인하기

수능 필수 개념 학습이 잘되어 있는지 확인하는 기출문제를 수록했습니다.
이를 통하여 실제 수능에 출제되는 개념에 대한 이해를 강화할 수 있습니다.

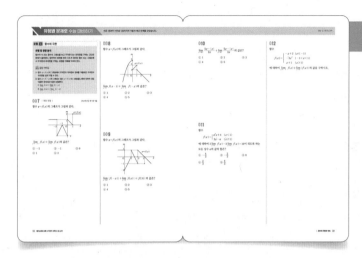

STEP

유형별 문제로 수능 대비하기

유형 및 출제 경향 분석
기출문제를 분석하여 필수 유형을 분류하고, 각 필수 유형에 대한 출제 경향을 제시했습니다.

실전 가이드
각 유형의 문제 풀이에 유용한 공식, 풀이 방법, 접근법 등 실전에 활용할 수 있는 내용들을 실전 가이드로 제시했습니다.

대표 유형
각 유형을 대표하는 수능, 평가원, 교육청 기출문제를 수록하여 유형에 대한 이해를 높이고 실전 감각을 키울 수 있게 했습니다.

예상 문제
출제 가능성이 높은 기본 3점부터 어려운 3점까지의 예상 문제를 수록하여 수능의 기본이 되는 3점 문항에 대한 집중적인 연습이 가능하게 했습니다.

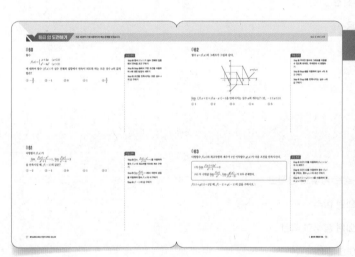

STEP

등급 업 도전하기

등급 업 문제
쉬운 4점부터 기본 4점까지의 예상 문제를 수록하여 개념에 대한 심화 학습이 가능하게 했습니다. 이를 통해 자신의 약점을 보완하여 더 높은 등급에 도전할 수 있게 했습니다.

해결 전략
문제 풀이에 핵심이 되는 단계별 해결 전략을 제시하여 고난도 문항에 대한 적응력을 기를 수 있게 했습니다.

이제는 고난도 문항에 대한 실전 연습이다!

메가스터디 N제 3점 공략으로 기본을 탄탄하게 다졌다면,
메가스터디 N제 4점 공략을 이용한 심화 유형 연습으로 상위권에 도전하자!

고난도 유형에 대한 대표 기출문제와 다양한 4점 수준 예상 문제를 수록하여
최고 등급에 도전할 수 있는 실전 감각을 쌓을 수 있게 했습니다.

이 책의 **차례**

I

함수의 극한과 연속

수능 출제 포커스

- 그래프가 주어지거나 정의역의 범위에 따라 다르게 정의된 함수에서 극한값을 구할 수 있는지 묻는 문제가 출제될 수 있으므로 함수에서 우극한, 좌극한 및 극한값을 찾는 연습을 충분히 해 두도록 한다.
- 함수의 극한에 대한 조건이 주어질 때 미정계수를 구하거나 다항함수를 찾아 함숫값을 구하는 문제가 출제될 수 있으므로 함수의 극한의 성질을 잘 정리해 두도록 한다.
- 함수가 연속이 되기 위한 조건을 이용하여 미정계수를 구하는 문제가 출제될 수 있고, 다른 단원과 연계되어 출제되는 경우가 많으므로 관련 개념을 정확히 정리해 두도록 한다.

기출 및 핵심 예상 문제수

기출문제	수능 대비 예상 문제	등급 업 문제	합계
14	45	9	68

I 함수의 극한과 연속

1 함수의 극한

함수 $f(x)$에서 x가 a와 다른 값을 가지면서 a에 한없이 가까워질 때, $f(x)$의 값이 일정한 값 α에 한없이 가까워지면 함수 $f(x)$는 α에 수렴한다고 한다. 이때 α를 함수 $f(x)$의 $x=a$에서의 극한값 또는 극한이라 하며, 이것을 기호로 다음과 같이 나타낸다.

$$\lim_{x \to a} f(x) = \alpha \text{ 또는 } x \to a \text{일 때}, f(x) \to \alpha$$

2 우극한과 좌극한

(1) 함수 $f(x)$에서 x가 a보다 큰 값을 가지면서 a에 한없이 가까워질 때, $f(x)$의 값이 일정한 값 α에 한없이 가까워지면 α를 함수 $f(x)$의 $x=a$에서의 우극한이라 하며, 이것을 기호로 다음과 같이 나타낸다.

$$\lim_{x \to a+} f(x) = \alpha \text{ 또는 } x \to a+ \text{일 때}, f(x) \to \alpha$$

(2) 함수 $f(x)$에서 x가 a보다 작은 값을 가지면서 a에 한없이 가까워질 때, $f(x)$의 값이 일정한 값 α에 한없이 가까워지면 α를 함수 $f(x)$의 $x=a$에서의 좌극한이라 하며, 이것을 기호로 다음과 같이 나타낸다.

$$\lim_{x \to a-} f(x) = \alpha \text{ 또는 } x \to a- \text{일 때}, f(x) \to \alpha$$

만점 Tip ▶ 함수 $f(x)$의 $x=a$에서의 우극한과 좌극한이 모두 존재하고 그 값이 같을 때만 함수 $f(x)$는 $x=a$에서의 극한값이 존재한다.

$$\lim_{x \to a+} f(x) = \lim_{x \to a-} f(x) = \alpha \iff \lim_{x \to a} f(x) = \alpha$$

3 함수의 극한에 대한 여러 가지 성질

두 함수 $f(x)$, $g(x)$에서

$$\lim_{x \to a} f(x) = \alpha, \lim_{x \to a} g(x) = \beta \ (\alpha, \beta\text{는 실수})$$

일 때, 다음이 성립한다.

(1) $\lim_{x \to a} cf(x) = c \lim_{x \to a} f(x) = c\alpha$ (단, c는 상수)

(2) $\lim_{x \to a} \{f(x) + g(x)\} = \lim_{x \to a} f(x) + \lim_{x \to a} g(x) = \alpha + \beta$

(3) $\lim_{x \to a} \{f(x) - g(x)\} = \lim_{x \to a} f(x) - \lim_{x \to a} g(x) = \alpha - \beta$

(4) $\lim_{x \to a} f(x)g(x) = \lim_{x \to a} f(x) \times \lim_{x \to a} g(x) = \alpha\beta$

(5) $\lim_{x \to a} \dfrac{f(x)}{g(x)} = \dfrac{\lim_{x \to a} f(x)}{\lim_{x \to a} g(x)} = \dfrac{\alpha}{\beta}$ (단, $\beta \neq 0$)

4 함수의 극한의 대소 관계

두 함수 $f(x)$, $g(x)$에서

$$\lim_{x \to a} f(x) = \alpha, \lim_{x \to a} g(x) = \beta \ (\alpha, \beta\text{는 실수})$$

일 때, a에 가까운 모든 실수 x에 대하여

(1) $f(x) \leq g(x)$이면 $\alpha \leq \beta$이다.

만점 Tip ▶ 두 함수 $f(x)$, $g(x)$가 a에 가까운 모든 실수 x에 대하여 $f(x) < g(x)$일 때, $\lim_{x \to a} f(x) = \lim_{x \to a} g(x)$인 경우도 있다.

(2) 함수 $h(x)$에 대하여 $f(x) \leq h(x) \leq g(x)$이고 $\alpha = \beta$이면 $\lim_{x \to a} h(x) = \alpha$이다.

5 미정계수의 결정

두 함수 $f(x)$, $g(x)$에서 $\lim_{x \to a} \dfrac{f(x)}{g(x)} = \alpha$ (α는 실수)일 때

(1) $\lim_{x \to a} g(x) = 0$이면 $\lim_{x \to a} f(x) = 0$이다.

(2) $\lim_{x \to a} f(x) = 0$이고 $\alpha \neq 0$이면 $\lim_{x \to a} g(x) = 0$이다.

6 함수의 연속과 불연속

(1) 함수 $f(x)$가 실수 a에 대하여 다음 세 조건을 만족시킬 때, 함수 $f(x)$는 $x=a$에서 연속이라 한다.

  (i) $x=a$에서 함숫값 $f(a)$가 정의되어 있다.

  (ii) 극한값 $\lim_{x \to a} f(x)$가 존재한다.

  (iii) $\lim_{x \to a} f(x) = f(a)$

(2) 함수 $f(x)$가 $x=a$에서 연속이 아닐 때, 함수 $f(x)$는 $x=a$에서 불연속이라 한다.

7 연속함수

함수 $f(x)$가 어떤 구간에 속하는 모든 실수 x에서 연속일 때, 함수 $f(x)$는 그 구간에서 연속이라 한다. 또한, 함수 $f(x)$가 정의역에 속하는 모든 점에서 연속일 때, 함수 $f(x)$를 연속함수라 한다.

만점 Tip ▶ 함수 $f(x)$가

(i) 열린구간 (a, b)에서 연속이고

(ii) $\lim_{x \to a+} f(x) = f(a)$, $\lim_{x \to b-} f(x) = f(b)$

일 때, 함수 $f(x)$는 닫힌구간 $[a, b]$에서 연속이라 한다.

8 연속함수의 성질

두 함수 $f(x)$, $g(x)$가 $x=a$에서 연속이면 다음 함수도 $x=a$에서 연속이다.

(1) $cf(x)$ (단, c는 상수) (2) $f(x) \pm g(x)$

(3) $f(x)g(x)$ (4) $\dfrac{f(x)}{g(x)}$ (단, $g(a) \neq 0$)

9 최대 · 최소 정리

함수 $f(x)$가 닫힌구간 $[a, b]$에서 연속이면 함수 $f(x)$는 이 구간에서 반드시 최댓값과 최솟값을 갖는다.

만점 Tip ▶ 함수 $f(x)$가 열린구간 (a, b), 반열린 구간 $(a, b]$ 또는 $[a, b)$에서 연속일 때는 최댓값 또는 최솟값이 존재하지 않을 수도 있다.

10 사잇값의 정리

함수 $f(x)$가 닫힌구간 $[a, b]$에서 연속이고 $f(a) \neq f(b)$이면 $f(a)$와 $f(b)$ 사이의 임의의 실수 k에 대하여 $f(c) = k$인 c가 열린구간 (a, b)에 적어도 하나 존재한다.

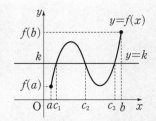

001

2022학년도 수능

함수 $y=f(x)$의 그래프가 그림과 같다.

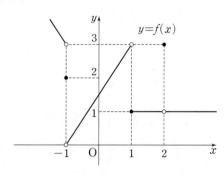

$\lim\limits_{x \to -1-} f(x) + \lim\limits_{x \to 2} f(x)$의 값은?

① 1　　　　② 2　　　　③ 3
④ 4　　　　⑤ 5

002

2021학년도 평가원 6월

$\lim\limits_{x \to 2} \dfrac{3x^2 - 6x}{x-2}$의 값은?

① 6　　　　② 7　　　　③ 8
④ 9　　　　⑤ 10

003

2023학년도 수능

$\lim\limits_{x \to \infty} \dfrac{\sqrt{x^2-2}+3x}{x+5}$의 값은?

① 1　　　　② 2　　　　③ 3
④ 4　　　　⑤ 5

004

2021년 시행 교육청 7월

두 상수 a, b에 대하여 $\lim\limits_{x \to -1} \dfrac{x^2+4x+a}{x+1}=b$일 때, $a+b$의 값을 구하시오.

005

2020학년도 평가원 9월

함수 $f(x)$가 $x=2$에서 연속이고
$$\lim\limits_{x \to 2-} f(x) = a+2,\ \lim\limits_{x \to 2+} f(x) = 3a-2$$
를 만족시킬 때, $a+f(2)$의 값을 구하시오.

(단, a는 상수이다.)

006

2022학년도 평가원 9월

함수
$$f(x) = \begin{cases} 2x+a & (x \le -1) \\ x^2-5x-a & (x > -1) \end{cases}$$
이 실수 전체의 집합에서 연속일 때, 상수 a의 값은?

① 1　　　　② 2　　　　③ 3
④ 4　　　　⑤ 5

유형 1 함수의 극한

유형 및 경향 분석

함수의 식 또는 함수의 그래프를 보고 우극한 또는 좌극한을 구하는 간단한
문제가 출제된다. 정의역의 범위에 따라 다르게 정의된 함수 또는 그래프에
서 우극한과 좌극한을 구하는 과정을 이해해 두어야 한다.

실전 가이드

(1) 함수 $y=f(x)$의 그래프에서 우극한과 좌극한의 정의를 적용하면 우극한과
좌극한을 쉽게 구할 수 있다.
(2) 함수 $y=f(-x)$의 그래프는 함수 $y=f(x)$의 그래프를 y축에 대하여 대칭
이동한 것이므로 다음이 성립한다.
① $\lim\limits_{x \to 0+} f(x) = \lim\limits_{x \to 0-} f(-x)$
② $\lim\limits_{x \to a-} f(x) = \lim\limits_{x \to -a+} f(-x)$

---

007 | 대표 유형 |

2024학년도 평가원 9월

함수 $y=f(x)$의 그래프가 그림과 같다.

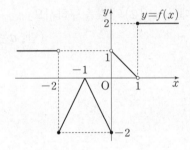

$\lim\limits_{x \to -2+} f(x) + \lim\limits_{x \to 1-} f(x)$의 값은?

① -2 ② -1 ③ 0
④ 1 ⑤ 2

008

함수 $y=f(x)$의 그래프가 그림과 같다.

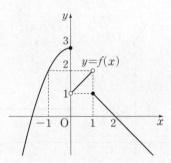

$\lim\limits_{x \to 1-} f(x-1) + \lim\limits_{x \to -1-} f(-x)$의 값은?

① 1 ② 2 ③ 3
④ 4 ⑤ 5

009

함수 $y=f(x)$의 그래프가 그림과 같다.

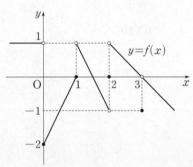

$\lim\limits_{x \to 0+} |f(-x)| + \lim\limits_{x \to 2} |f(x)| + |f(3)|$의 값은?

① 1 ② 2 ③ 3
④ 4 ⑤ 5

010

$$\lim_{x \to 0+} \frac{5x - |x|}{2x} + \lim_{x \to 0-} \frac{5x - |x|}{2x}$$의 값은?

① 1   ② 2   ③ 3

④ 4   ⑤ 5

011

함수

$$f(x) = \begin{cases} a^2 x + 4 & (x < 1) \\ 2x - a & (x \geq 1) \end{cases}$$

에 대하여 $3 \lim\limits_{x \to 1-} f(x) - 2 \lim\limits_{x \to 1+} f(x) = 16$이 되도록 하는 모든 상수 a의 값의 합은?

① $-\dfrac{4}{3}$ ② $-\dfrac{2}{3}$ ③ 0

④ $\dfrac{2}{3}$ ⑤ $\dfrac{4}{3}$

012

함수

$$f(x) = \begin{cases} -x + 2 & (x \leq -1) \\ -2x^2 & (-1 < x < 1) \\ x + 1 & (x \geq 1) \end{cases}$$

에 대하여 $\lim\limits_{x \to -1-} f(x) + \lim\limits_{x \to 1} |f(x)|$의 값을 구하시오.

유형 2 함수의 극한값의 계산

유형 및 경향 분석

$\frac{0}{0}$ 꼴의 극한값을 구하는 문제, $\frac{\infty}{\infty}$ 꼴의 극한값을 구하는 문제, $\infty - \infty$ 꼴의 극한값을 구하는 문제가 출제된다.

실전 가이드

(1) $\frac{0}{0}$ 꼴의 극한값

① 유리식은 분모, 분자를 각각 인수분해하여 간단히 한 후에 극한값을 구한다.
② 무리식은 근호를 포함한 부분을 유리화한 후 극한값을 구한다.

(2) $\frac{\infty}{\infty}$ 꼴의 극한값

분모의 최고차항으로 분모, 분자를 나눈 후 극한값을 구한다.

(3) $\infty - \infty$ 꼴의 극한값

$\infty - \infty$ 꼴의 다항식은 최고차항으로 묶고, 무리식은 유리화한 후 극한값을 구한다.

013 | 대표 유형 |　　　　　　　　　　　　　2023년 시행 교육청 4월

$\lim\limits_{x \to 2} \dfrac{x^2 + x - 6}{x - 2}$의 값을 구하시오.

014

$\lim\limits_{x \to 0} \dfrac{4}{x}\left(3 + \dfrac{3}{x-1}\right)$의 값은?

① -12　　　　② -10　　　　③ -8
④ -6　　　　⑤ -4

015

$\lim\limits_{x \to 2} \dfrac{\sqrt{x^2 + 5} - 3}{x^3 - 8}$의 값은?

① $\dfrac{1}{18}$　　　　② $\dfrac{1}{9}$　　　　③ $\dfrac{1}{6}$
④ $\dfrac{2}{9}$　　　　⑤ $\dfrac{5}{18}$

016

$\lim\limits_{x \to -\infty} (\sqrt{x^2-10x}+x)$의 값은?

① 1　　　　　② 2　　　　　③ 3

④ 4　　　　　⑤ 5

017

이차함수 $y=f(x)$의 그래프가 그림과 같다.

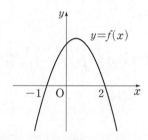

$\lim\limits_{x \to -1} \dfrac{f(x)}{x+1}=6$일 때, $\lim\limits_{x \to 2} \dfrac{f(x)}{x^2-2x}$의 값은?

① -3　　　　② -1　　　　③ 0

④ 1　　　　　⑤ 3

018

최고차항의 계수가 1인 삼차식 $f(x)$를 $x+2$로 나누었을 때 몫은 x^2-3이고 나머지는 6이다. $\lim\limits_{x \to -3} \dfrac{f(x)}{x+3}$의 값을 구하시오.

유형 ③ 함수의 극한의 성질

유형 및 경향 분석

함수의 극한의 성질을 이용하여 극한값을 구하는 문제가 출제된다. 함수의 식이나 그래프를 보고 함수의 극한의 성질을 이용하여 극한값을 구하는 문제가 종종 출제된다.

📖 실전 가이드

(1) 두 함수의 합, 차, 곱, 몫에 대한 함수의 극한의 성질을 이용하여 극한값을 구한다.

(2) 두 함수 $f(x)$, $g(x)$에 대하여 합성함수 $(f \circ g)(x)$의 극한값은 $g(x)=t$로 치환한 후 함수의 극한의 성질을 이용하여 구한다.

(3) $\lim\limits_{x \to a} f(x) = \alpha$, $\lim\limits_{x \to a} g(x) = \beta$ (α, β는 실수)일 때, a에 가까운 모든 실수 x에 대하여

  ① $f(x) \leq g(x)$이면 $\alpha \leq \beta$이다.

  ② $f(x) \leq h(x) \leq g(x)$이고 $\alpha = \beta$이면 $\lim\limits_{x \to a} h(x) = \alpha$이다.

019 ㅣ 대표 유형 ㅣ   2018학년도 수능

함수 $f(x)$가 $\lim\limits_{x \to 1} (x+1)f(x) = 1$을 만족시킬 때,

$\lim\limits_{x \to 1} (2x^2+1)f(x) = a$이다. $20a$의 값을 구하시오.

020

두 함수 $f(x)$, $g(x)$에 대하여

$$\lim_{x \to 0} f(x) = 7, \quad \lim_{x \to 0} \{f(x) + 4g(x)\} = 3$$

일 때, $\lim\limits_{x \to 0} \{2f(x) - 5g(x)\}$의 값을 구하시오.

021

함수 $f(x)$에 대하여 $\lim\limits_{x \to 2} \dfrac{f(x)-1}{x-2} = \dfrac{1}{12}$일 때,

$\lim\limits_{x \to 2} \dfrac{x^2 - 2x}{\{f(x)\}^3 - 1}$의 값은?

① 2   ② 4   ③ 6
④ 8   ⑤ 10

022

두 함수 $f(x)$, $g(x)$에 대하여

$$\lim_{x \to -2} \frac{f(x)}{x+1} = 4, \ \lim_{x \to -2} \frac{g(x)}{2x+1} = \frac{1}{6}$$

일 때, $\lim_{x \to -2} \frac{(4x^2-1)f(x)}{(x^2+x)g(x)}$ 의 값은?

① 36   ② 44   ③ 52

④ 60   ⑤ 68

023

두 함수 $f(x)$, $g(x)$에 대하여

$$\lim_{x \to 1} (x+2)f(x) = 6, \ \lim_{x \to 1} f(x)g(x) = 8$$

일 때, $\lim_{x \to 1} \frac{\{g(x)\}^2 - 3f(x)}{(2-3x)f(x)}$ 의 값은?

① -5 ② -4 ③ -3

④ -2 ⑤ -1

024

함수 $f(x)$에 대하여 $\lim_{x \to 2} \frac{f(x-2)}{x-2} = -1$일 때,

$\lim_{x \to 0} \frac{5x - f(x)}{x^2 + 2f(x)}$의 값은?

① -3 ② -1 ③ 1

④ 3   ⑤ 5

025

두 함수 $f(x)$, $g(x)$가

$$\lim_{x \to -2} f(x) = 3, \lim_{x \to -2} \{2f(x)g(x) - 4f(x)\} = 6$$

을 만족시킬 때, $\lim\limits_{x \to -2} \{g(x) - 2\}$의 값은?

① $\dfrac{1}{4}$ ② $\dfrac{1}{3}$ ③ $\dfrac{1}{2}$

④ 1   ⑤ 2

026

두 함수 $f(x)$, $g(x)$에 대하여

$$\lim_{x \to \infty} f(x) = \infty, \lim_{x \to \infty} \{2f(x) + g(x)\} = 5$$

일 때, $\lim\limits_{x \to \infty} \dfrac{7f(x) + 6g(x)}{f(x) - 2g(x)}$의 값은?

① -5 ② -4 ③ -3

④ -2 ⑤ -1

027

함수 $y = f(x)$의 그래프가 그림과 같다.

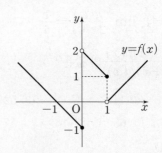

$\lim\limits_{x \to 0+} f(x)f(-x) + \lim\limits_{x \to 1-} f(x)f(-x)$의 값은?

① -2 ② -1 ③ 0

④ 1   ⑤ 2

028

함수 $y=f(x)$의 그래프가 그림과 같다.

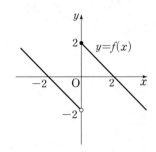

함수 $g(x)=x^2$일 때, $\lim\limits_{x\to 0} f(g(x))$의 값은?

① -2 ② -1 ③ 0

④ 1 ⑤ 2

029

$x>0$인 모든 실수 x에 대하여 함수 $f(x)$가 부등식

$$\sqrt{x^2+6x}<f(x)<\frac{x^2+4x+5}{x+1}$$

를 만족시킬 때, $\lim\limits_{x\to\infty}\{f(x)-x\}$의 값은?

① 3 ② 4 ③ 5

④ 6 ⑤ 7

030

$x>0$인 모든 실수 x에 대하여 함수 $f(x)$가 부등식

$$3x-1\leq\frac{(x^3+1)f(x)}{x}\leq 3x+2$$

를 만족시킬 때, $\lim\limits_{x\to\infty}\dfrac{x^3f(x)-5x^2}{4x^2-x}$의 값은?

① -1 ② $-\dfrac{1}{2}$ ③ 0

④ $\dfrac{1}{2}$ ⑤ 1

유형 **4** 미정계수 구하기

유형 및 경향 분석

함수의 극한에 대한 조건이 주어지거나 미지수를 포함한 함수의 극한에 대한 식이 주어졌을 때 함수의 극한의 성질을 이용하여 미정계수를 구하는 문제가 출제된다.

실전 가이드

(1) 함수의 극한을 이용하여 미정계수를 구하는 문제

① $\dfrac{0}{0}$ 꼴

$\displaystyle\lim_{x\to a}\dfrac{f(x)}{g(x)}=a$ (a는 실수)일 때

· $\displaystyle\lim_{x\to a}g(x)=0$이면 $\displaystyle\lim_{x\to a}f(x)=0$

· $\displaystyle\lim_{x\to a}f(x)=0$이고 $a\neq0$이면 $\displaystyle\lim_{x\to a}g(x)=0$

② $\dfrac{\infty}{\infty}$ 꼴

두 다항함수 $f(x)$, $g(x)$에 대하여 $\displaystyle\lim_{x\to\infty}\dfrac{f(x)}{g(x)}=\alpha$ (α는 실수)일 때

· $\alpha\neq0$이면 $f(x)$와 $g(x)$의 차수가 같고 최고차항의 계수의 비는 α이다.

· $\alpha=0$이면 $f(x)$의 차수보다 $g(x)$의 차수가 더 크다.

(2) 함수 $f(x)$가 다항함수이면 나머지정리나 인수정리를 이용하여 관계식을 구한 후 함수의 극한의 성질을 이용하여 극한값을 구한다.

① 나머지정리: 다항식 $f(x)$를 $x-a$로 나누었을 때의 나머지는 $f(a)$이다.

② 인수정리: 다항식 $f(x)$가 $x-a$로 나누어떨어지면 $f(a)=0$이다.

역으로 $f(a)=0$이면 다항식 $f(x)$는 $x-a$를 인수로 갖는다.

031 | 대표 유형 |

2022년 시행 교육청 7월

다항함수 $f(x)$가

$$\lim_{x\to\infty}\frac{f(x)}{x^2}=2,\ \lim_{x\to1}\frac{f(x)}{x-1}=3$$

을 만족시킬 때, $f(3)$의 값은?

① 11 　　　　② 12 　　　　③ 13

④ 14 　　　　⑤ 15

032

두 상수 a, b에 대하여 $\displaystyle\lim_{x\to4}\dfrac{x^2-(a+4)x+4a}{x^2-2b}=-2$일 때, $a+b$의 값을 구하시오.

033

두 상수 a, b에 대하여 $\displaystyle\lim_{x\to1}\dfrac{\sqrt{4x+a}+b}{x-1}=\sqrt{2}$일 때, a^2+b^2의 값은?

① 5 　　　　② 6 　　　　③ 7

④ 8 　　　　⑤ 9

034

함수 $f(x)$가 모든 실수 x에 대하여
$$(x-3)f(x)=ax^2+bx+c$$
를 만족시킨다. $\lim\limits_{x\to\infty}f(x)=-1$일 때, 세 상수 a, b, c에 대하여 $a+b+c$의 값은?

① 1   ② 2   ③ 3

④ 4   ⑤ 5

035

최고차항의 계수가 1인 이차함수 $f(x)$가 모든 실수 x에 대하여 $f(3-x)=f(3+x)$를 만족시킬 때,
$$\lim\limits_{x\to\infty}\frac{f(x+4)-f(x-1)}{2x+1}$$의 값은?

① 5   ② 6   ③ 7

④ 8   ⑤ 9

036

삼차함수 $f(x)$가 모든 실수 x에 대하여 $f(-x)=-f(x)$를 만족시킨다. $\lim\limits_{x\to1}\dfrac{f(x)}{x^2-1}=2$일 때, $\lim\limits_{x\to-1}\dfrac{f(x)}{x+1}$의 값은?

① 1   ② 2   ③ 3

④ 4   ⑤ 5

037

최고차항의 계수가 1인 이차함수 $f(x)$가

$$\lim_{x \to -1} \frac{f(x)+5}{x+1} = -4$$

를 만족시킬 때, $\lim\limits_{x \to 4} \dfrac{f(x)}{x-4}$의 값을 구하시오.

038

두 함수 $f(x)$, $g(x)$가

$$f(x) = x^2 - 2x, \ g(x) = x^3 + ax + b$$

일 때, 모든 실수 k에 대하여 극한값 $\lim\limits_{x \to k} \dfrac{g(x)}{f(x)}$가 존재한다.

$\lim\limits_{x \to 0} \dfrac{g(x)}{f(x)} + \lim\limits_{x \to 2} \dfrac{g(x)}{f(x)}$의 값을 구하시오.

(단, a, b는 상수이다.)

039

다항함수 $f(x)$가

$$\lim_{x \to \infty} \frac{f(x)-ax^2}{x} = 3, \ \lim_{x \to 1} \frac{f(x)}{x-1} = a$$

를 만족시킬 때, $f(2)$의 값은? (단, a는 0이 아닌 상수이다.)

① -8 ② -7 ③ -6

④ -5 ⑤ -4

유형 5 함수의 극한의 활용

유형 및 경향 분석

선분의 길이나 도형의 넓이에 대한 극한값을 구하는 문제, 곡선과 곡선 또는 곡선과 직선이 만나는 점을 이용하여 극한값을 구하는 문제, 원의 성질과 원의 접선을 이용하여 극한값을 구하는 문제가 출제된다.

📖 실전 가이드

(1) 두 직선 l_1, l_2의 기울기가 각각 m_1, m_2 $(m_1 m_2 \neq 0)$일 때, 두 직선 l_1, l_2가 서로 수직이면 $m_1 m_2 = -1$이다.

(2) 두 점 $P(x_1, y_1)$, $Q(x_2, y_2)$ 사이의 거리는
$$\overline{PQ} = \sqrt{(x_2 - x_1)^2 + (y_2 - y_1)^2}$$

(3) 원 $x^2 + y^2 = r^2$ 위의 점 (x_1, y_1)에서의 접선의 방정식은
$$x_1 x + y_1 y = r^2$$

040 | 대표 유형 |

2020년 시행 교육청 7월

곡선 $y = \sqrt{x}$ 위의 점 $P(t, \sqrt{t})$ $(t > 4)$에서 직선 $y = \frac{1}{2}x$에 내린 수선의 발을 H라 하자. $\displaystyle\lim_{t \to \infty} \frac{\overline{OH}^2}{\overline{OP}^2}$의 값은?

(단, O는 원점이다.)

① $\dfrac{3}{5}$ ② $\dfrac{2}{3}$ ③ $\dfrac{11}{15}$

④ $\dfrac{4}{5}$ ⑤ $\dfrac{13}{15}$

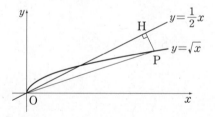

041

두 곡선 $y = x^2$, $y = x^2 - 2x$와 직선 $x = t$ $(t > 0)$이 만나는 점을 각각 P, Q라 하자. 삼각형 POQ의 넓이를 $S(t)$라 할 때, $\displaystyle\lim_{t \to \infty} \frac{S(t+1) - S(t)}{t}$의 값을 구하시오.

(단, O는 원점이다.)

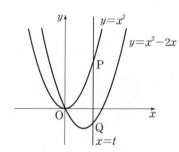

042

그림과 같이 원 $x^2+y^2=16$과 직선 $x=t$ $(0<t<4)$가 제1사분면에서 만나는 점을 P, 직선 $x=t$와 x축이 만나는 점을 Q라 하자. 점 A$(-4, 0)$에 대하여 선분 AP의 길이를 $f(t)$, 선분 AQ의 길이를 $g(t)$라 할 때, $\displaystyle\lim_{t\to 4-}\dfrac{f(t)-g(t)}{4-t}$의 값은?

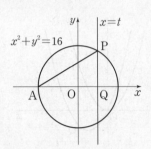

① $\dfrac{1}{4}$ ② $\dfrac{1}{2}$ ③ 1

④ 2   ⑤ 4

043

그림과 같이 x축 위의 점 P$(t, 0)$ $(t>1)$에서 원 $x^2+y^2=1$에 그은 두 접선의 접점을 각각 A, B라 하자. 선분 AB의 길이를 $f(t)$라 할 때, $\displaystyle\lim_{t\to 1+}\dfrac{f(t)}{\sqrt{t-1}}$의 값은?

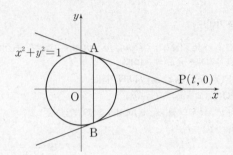

① $\dfrac{\sqrt{2}}{2}$ ② 1   ③ $\sqrt{2}$

④ 2   ⑤ $2\sqrt{2}$

044

그림과 같이 함수 $f(x)=\sqrt{3x}$의 그래프 위의 두 점 $P_1(t, f(t))$, $P_2(2t, f(2t))$ $(t>0)$이 있다. 두 점 P_1, P_2에서 x축에 내린 수선의 발을 각각 H_1, H_2라 하고, 두 삼각형 P_1OH_1, P_2OH_2의 외접원의 넓이를 각각 $S_1(t)$, $S_2(t)$라 하자. $\lim\limits_{t \to \infty} \dfrac{S_2(t)-S_1(t)}{t^2}$의 값은? (단, O는 원점이다.)

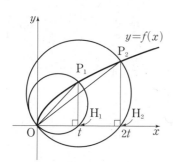

① $\dfrac{\pi}{2}$ ② $\dfrac{3}{4}\pi$ ③ π

④ $\dfrac{5}{4}\pi$ ⑤ $\dfrac{3}{2}\pi$

유형 6 함수의 연속

유형 및 경향 분석

함수 $f(x)$가 $x=a$에서 연속일 조건을 이용하여 미정계수를 구하거나 함숫값을 구하는 문제가 출제된다.

📖 실전 가이드

(1) 함수 $f(x)$가 $x=a$에서 연속이면 $\lim\limits_{x \to a} f(x)=f(a)$이다.

(2) 함수 $f(x)=\begin{cases} g(x) & (x<a) \\ h(x) & (x \geq a) \end{cases}$가 $x=a$에서 연속이면
$\lim\limits_{x \to a-} g(x)=\lim\limits_{x \to a+} h(x)$이다.

045 | 대표 유형 |

2021년 시행 교육청 3월

함수
$$f(x)=\begin{cases} \dfrac{x^2+ax+b}{x-3} & (x<3) \\ \dfrac{2x+1}{x-2} & (x \geq 3) \end{cases}$$

이 실수 전체의 집합에서 연속일 때, $a-b$의 값은?

(단, a, b는 상수이다.)

① 9   ② 10   ③ 11

④ 12   ⑤ 13

046

함수

$$f(x)=\begin{cases} 2x+1 & (x<a) \\ x^2+2ax-2 & (x \geq a) \end{cases}$$

가 실수 전체의 집합에서 연속이 되도록 하는 모든 상수 a의 값의 합은?

① $\dfrac{1}{6}$ ② $\dfrac{1}{3}$ ③ $\dfrac{1}{2}$

④ $\dfrac{2}{3}$ ⑤ $\dfrac{5}{6}$

047

함수

$$f(x)=\begin{cases} \dfrac{x^2-5x+a}{x+1} & (x \neq -1) \\ b & (x=-1) \end{cases}$$

이 실수 전체의 집합에서 연속일 때, $a+b$의 값은?

(단, a, b는 상수이다.)

① -13 ② -11 ③ -9

④ -7 ⑤ -5

048

함수

$$f(x)=\begin{cases} \dfrac{\sqrt{x-1}-a}{x-5} & (x \neq 5) \\ b & (x=5) \end{cases}$$

가 $x=5$에서 연속이 되도록 하는 두 상수 a, b에 대하여 $a+b$의 값은?

① $\dfrac{3}{4}$ ② $\dfrac{5}{4}$ ③ $\dfrac{7}{4}$

④ $\dfrac{9}{4}$ ⑤ $\dfrac{11}{4}$

049

함수

$$f(x)=\begin{cases} \dfrac{x^2+ax+b}{x+2} & (x<-2) \\ \dfrac{3x+2}{x+1} & (x\geq-2) \end{cases}$$

가 $x=-2$에서 연속이 되도록 하는 두 상수 a, b에 대하여 ab의 값은?

① 80   ② 84   ③ 88

④ 92   ⑤ 96

050

함수

$$f(x)=\begin{cases} x^2+ax+b & (|x|<1) \\ 2x & (|x|\geq1) \end{cases}$$

이 실수 전체의 집합에서 연속이 되도록 하는 두 상수 a, b에 대하여 a^2+b^2의 값을 구하시오.

유형 7 연속함수의 성질

유형 및 경향 분석

두 함수의 합, 차, 곱, 몫에 대한 연속함수의 성질을 이용하여 두 함수의 합, 차, 곱, 몫으로 새롭게 정의된 함수가 연속이 되도록 하는 상수를 구하는 문제가 출제된다.

실전 가이드

두 함수 $f(x)$, $g(x)$가 $x=a$에서 연속이면 다음 함수도 $x=a$에서 연속이다.

(1) $cf(x)$ (단, c는 상수)   (2) $f(x)\pm g(x)$

(3) $f(x)g(x)$ (4) $\dfrac{f(x)}{g(x)}$ (단, $g(a)\neq0$)

051 | 대표 유형 |

2022학년도 평가원 6월

함수

$$f(x)=\begin{cases} -2x+6 & (x<a) \\ 2x-a & (x\geq a) \end{cases}$$

에 대하여 함수 $\{f(x)\}^2$이 실수 전체의 집합에서 연속이 되도록 하는 모든 상수 a의 값의 합은?

① 2   ② 4   ③ 6

④ 8   ⑤ 10

052

두 함수

$$f(x)=x^2+2x,\ g(x)=x^2-kx+2k$$

에 대하여 함수 $h(x)=\dfrac{f(x)}{g(x)}$ 가 실수 전체의 집합에서 연속이

되도록 하는 정수 k의 개수는?

① 6   ② 7   ③ 8

④ 9   ⑤ 10

053

두 함수

$$f(x)=\begin{cases} -x & (x<1) \\ 2x-1 & (x\geq1) \end{cases},\ g(x)=x^2+3x+a$$

에 대하여 함수 $f(x)g(x)$가 $x=1$에서 연속이 되도록 하는

상수 a에 대하여 a^2의 값을 구하시오.

054

함수 $y=f(x)$의 그래프가 그림과 같을 때, | 보기 |에서 옳은

것만을 있는 대로 고른 것은?

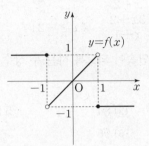

| 보기 |

ㄱ. $\lim\limits_{x\to1-} f(x)=-1$

ㄴ. $\lim\limits_{x\to1} \{f(x)+f(-x)\}=0$

ㄷ. 함수 $f(x)+f(-x)$는 $x=1$에서 연속이다.

① ㄱ   ② ㄴ   ③ ㄱ, ㄴ

④ ㄴ, ㄷ   ⑤ ㄱ, ㄴ, ㄷ

055

두 함수

$$f(x)=x^2+ax, \quad g(x)=\begin{cases} -x & (x<-1) \\ x^2+1 & (x\geq-1) \end{cases}$$

에 대하여 합성함수 $f(g(x))$가 실수 전체의 집합에서 연속이 되도록 하는 상수 a의 값은?

① -5 ② -4 ③ -3

④ -2 ⑤ -1

056

함수

$$f(x)=\begin{cases} 3x+3a-2 & (x<0) \\ -2x+a & (x\geq0) \end{cases}$$

에 대하여 함수 $\{f(x-a)\}^2$이 실수 전체의 집합에서 연속이 되도록 하는 모든 상수 a의 값의 합은?

① $\dfrac{1}{2}$ ② 1 ③ $\dfrac{3}{2}$

④ 2 ⑤ $\dfrac{5}{2}$

유형 8 사잇값의 정리

유형 및 경향 분석

연속함수에서 사잇값의 정리를 이용하여 방정식의 실근의 개수를 구하거나 참, 거짓을 판별하는 합답형 문제가 출제된다.

실전 가이드

(1) 사잇값의 정리
  함수 $f(x)$가 닫힌구간 $[a, b]$에서 연속이고 $f(a)\neq f(b)$이면 $f(a)$와 $f(b)$ 사이의 임의의 실수 k에 대하여 $f(c)=k$인 c가 열린구간 (a, b)에 적어도 하나 존재한다.

(2) 사잇값의 정리의 활용
  함수 $f(x)$가 닫힌구간 $[a, b]$에서 연속이고 $f(a)f(b)<0$이면 사잇값의 정리에 의하여 $f(c)=0$인 c가 열린구간 (a, b)에 적어도 하나 존재한다.
  즉, 방정식 $f(x)=0$은 열린구간 (a, b)에서 적어도 하나의 실근을 갖는다.

057 | 대표 유형 |

2007학년도 평가원 6월

삼차함수 $y=f(x)$의 그래프와 함수

$$g(x)=\begin{cases} \dfrac{1}{2}x-1 & (x>0) \\ -x-2 & (x\leq0) \end{cases}$$

의 그래프가 그림과 같을 때, | 보기 |에서 옳은 것만을 있는 대로 고른 것은?

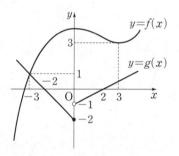

┤ 보기 ├

ㄱ. $\lim\limits_{x\to0+} g(x)=-2$

ㄴ. 함수 $g(f(x))$는 $x=0$에서 연속이다.

ㄷ. 방정식 $g(f(x))=0$은 닫힌구간 $[-3, 3]$에서 적어도 하나의 실근을 갖는다.

① ㄱ   ② ㄴ   ③ ㄷ

④ ㄴ, ㄷ   ⑤ ㄱ, ㄴ, ㄷ

058

실수 전체의 집합에서 연속인 함수 $f(x)$가

$$f(-2)f(2)<0,\ f(-1)f(1)>0,\ f(0)f(1)<0$$

을 만족시킬 때, 방정식 $f(x)=0$은 적어도 n개의 실근을 갖는다. 정수 n의 값은?

① 1   ② 2   ③ 3

④ 4   ⑤ 5

059

실수 전체의 집합에서 연속인 함수 $f(x)$가

$$f(0)=-1,\ f(1)=2$$

를 만족시킬 때, 열린구간 $(0,\ 1)$에서 적어도 하나의 실근을 항상 갖는 방정식만을 |보기|에서 있는 대로 고른 것은?

┌─ 보기 ├──────────────

ㄱ. $f(x)+2x=0$

ㄴ. $xf(x-1)=0$

ㄷ. $f(1-x)+f(x)=0$

└────────────────────

① ㄱ   ② ㄴ   ③ ㄱ, ㄷ

④ ㄴ, ㄷ   ⑤ ㄱ, ㄴ, ㄷ

060

함수

$$f(x) = \begin{cases} x+2a & (x \le 2) \\ x^2 - 4a^2 & (x > 2) \end{cases}$$

에 대하여 함수 $|f(x)|$가 실수 전체의 집합에서 연속이 되도록 하는 모든 상수 a의 값의 합은?

① $-\dfrac{3}{2}$ ② -1 ③ 0 ④ 1 ⑤ $\dfrac{3}{2}$

해결 전략

Step ① 함수 $|f(x)|$가 실수 전체의 집합에서 연속일 조건 구하기

Step ② Step ①에서 구한 조건을 이용하여 a에 대한 방정식 세우기

Step ③ 조건을 만족시키는 모든 상수 a의 값 구하기

061

다항함수 $f(x)$가

$$\lim_{x \to -\infty} \frac{f(x) - x^3}{x^2 + 1} = 1, \quad \lim_{x \to 2} \frac{f(x)}{x^2 - 4} = 3$$

을 만족시킬 때, $f(-1)$의 값은?

① -2 ② -1 ③ 0 ④ 1 ⑤ 2

해결 전략

Step ① $\lim\limits_{x \to -\infty} \dfrac{f(x) - x^3}{x^2 + 1} = 1$을 이용하여 함수 $f(x)$의 최고차항의 차수와 계수 구하기

Step ② $\lim\limits_{x \to 2} \dfrac{f(x)}{x^2 - 4} = 3$에서 극한의 성질을 이용하여 함수 $f(x)$의 식 구하기

Step ③ $f(-1)$의 값 구하기

062

함수 $y=f(x)$의 그래프가 그림과 같다.

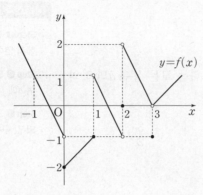

$\displaystyle\lim_{x \to 0+} \{f(x+2)+f(a-x)\}=1$을 만족시키는 실수 a의 개수는? (단, $-1 \le a \le 3$)

① 1   ② 2   ③ 3   ④ 4   ⑤ 5

해결 전략

Step ❶ 주어진 함수의 그래프를 이용할 수 있도록 좌극한, 우극한의 식 변형하기

Step ❷ Step ❶을 이용하여 실수 a의 조건 구하기

Step ❸ Step ❷를 만족시키는 실수 a의 값 구하기

063

다항함수 $f(x)$와 최고차항의 계수가 1인 이차함수 $g(x)$가 다음 조건을 만족시킨다.

> (가) $\displaystyle\lim_{x \to \infty} \dfrac{f(x)+2x^3}{x^2-1}=3$
>
> (나) 두 극한값 $\displaystyle\lim_{x \to 0} \dfrac{f(x)}{x^2}$, $\displaystyle\lim_{x \to 2} \dfrac{g(x)}{f(x-2)}$가 모두 존재한다.

$f(1)+g(1)=2$일 때, $f(-1)+g(-1)$의 값을 구하시오.

해결 전략

Step ❶ 조건 (가)를 이용하여 $f(x)+2x^3$의 식 세우기

Step ❷ 조건 (나)를 이용하여 함수 $f(x)$를 구하고, 함수 $g(x)$의 조건 구하기

Step ❸ $f(1)+g(1)=2$를 이용하여 함수 $g(x)$ 구하기

064

삼차함수 $f(x)$가 다음 조건을 만족시킬 때, $\lim\limits_{x \to 2} \dfrac{2f(x)}{x^2-2x}$의 값은?

(가) $\lim\limits_{x \to -1} \dfrac{f(x)+6}{x+1} = 2$

(나) $\lim\limits_{x \to 0} \dfrac{f(x)+6}{x} = -1$

① 10   ② 11   ③ 12   ④ 13   ⑤ 14

해결 전략

Step ❶ 두 조건 (가), (나)를 이용하여 $f(x)+6$의 식 세우기

Step ❷ Step ❶에서 세운 식을 두 조건 (가), (나)에 대입하여 정리한 후, $f(x)$의 식 구하기

Step ❸ $f(x)$를 포함한 함수의 극한값 구하기

065

그림과 같이 곡선 $y=2x^2$ 위의 점 $P(t, 2t^2)$ $(t>0)$에 대하여 점 P를 지나고 직선 OP에 수직인 직선이 y축과 만나는 점을 Q라 할 때, $\lim\limits_{t \to 0+} \overline{OQ} + \lim\limits_{t \to \infty} \dfrac{\overline{PQ}^2}{\overline{OP}}$의 값은?

(단, O는 원점이다.)

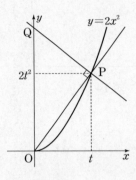

① $\dfrac{1}{4}$　　　② $\dfrac{1}{2}$　　　③ $\dfrac{3}{4}$　　　④ 1　　　⑤ $\dfrac{5}{4}$

해결 전략

Step ❶ 점 P를 지나고, 직선 OP에 수직인 직선의 방정식 구하기

Step ❷ $\overline{OP}$, $\overline{OQ}$, $\overline{PQ}$를 각각 t에 대한 식으로 나타내기

Step ❸ 극한의 성질을 이용하여 극한값 구하기

066

두 함수

$$f(x)=\begin{cases} -2x+3 & (x<0) \\ -2x+2 & (x \ge 0) \end{cases}, \quad g(x)=\begin{cases} 2x & (x<a) \\ 2x-1 & (x \ge a) \end{cases}$$

에 대하여 함수 $f(x)g(x)$가 실수 전체의 집합에서 연속이 되도록 하는 상수 a의 값은?

① -2　　　② -1　　　③ 0　　　④ 1　　　⑤ 2

해결 전략

Step ❶ 상수 a의 값의 범위에 따라 함수 $f(x)g(x)$가 $x=0$에서 연속인지 아닌지 판단하기

Step ❷ 함수 $f(x)g(x)$가 $x=0$에서 연속일 때, $x=a$에서도 연속이 되도록 하는 상수 a의 값 구하기

067

실수 t에 대하여 함수
$$y=|x^2-4|$$
의 그래프와 직선 $y=t$의 교점의 개수를 $f(t)$라 하자. 최고차항의 계수가 2인 이차함수 $g(x)$에 대하여 함수 $f(x)g(x)$가 실수 전체의 집합에서 연속일 때, $g(1)$의 값은?

① -6 ② -5 ③ -4 ④ -3 ⑤ -2

해결 전략

Step ❶ 함수 $y=|x^2-4|$의 그래프를 이용하여 함수 $f(t)$ 구하기

Step ❷ 함수 $f(x)g(x)$가 실수 전체의 집합에서 연속일 조건 구하기

Step ❸ Step ❷를 이용하여 함수 $g(x)$의 식 구하기

068

함수

$$f(x) = \begin{cases} -x^2 - 2x + a & (x \leq 0) \\ \dfrac{1}{2}x - a & (x > 0) \end{cases}$$

과 실수 전체의 집합에서 연속인 함수 $g(x)$가 다음 조건을 만족시킨다.

> (가) $\lim\limits_{x \to 0-} f(x) - \lim\limits_{x \to 0+} f(x) = -8$
>
> (나) 모든 실수 x에 대하여 $f(x)g(x) = |f(x)| + k$이다.

상수 k의 값은? (단, a는 상수이다.)

① -5 ② -4 ③ -3 ④ -2 ⑤ -1

해결 전략

Step ❶ 조건 (가)를 이용하여 a의 값 구하기

Step ❷ Step ❶에서 구한 a의 값을 이용하여 함수 $f(x)$의 식 구하기

Step ❸ 함수 $|f(x)|$가 $x=0$에서 연속인지 아닌지 판단하기

Step ❹ 연속함수의 성질을 이용하여 함수 $f(x)g(x)$도 실수 전체의 집합에서 연속이어야 함을 이용하여 상수 k의 값 구하기

Ⅱ

다항함수의 미분법

수능 출제 포커스

• 미분계수의 정의와 미분법의 공식을 이용하여 미분계수를 구하는 문제가 출제될 수 있으므로 평균변화율과 미분계수의 개념을 정확히 이해하고, 계산에서 실수하지 않도록 주의해야 한다.
• 접선의 방정식을 구하는 문제 또는 접선을 이용하여 방정식이나 부등식의 해를 구하는 문제가 출제될 수 있으므로 접선의 방정식을 구할 때 필요한 조건들을 잘 숙지해 두어야 한다.
• 미분을 이용하여 함수의 증가와 감소, 극대와 극소를 구하는 문제 또는 최댓값과 최솟값을 구하는 문제가 출제될 수 있으므로 주어진 조건을 이용하여 함수의 그래프를 정확히 그리는 연습을 많이 해 두어야 한다.

기출 및 핵심 예상 문제수

기출문제	수능 대비 예상 문제	등급 업 문제	합계
18	50	11	79

Ⅱ 다항함수의 미분법

1 미분계수와 도함수

(1) 미분계수

　① 정의

　　함수 $f(x)$의 $x=a$에서의 미분계수 $f'(a)$는

$$f'(a)=\lim_{h \to 0}\frac{f(a+h)-f(a)}{h}=\lim_{x \to a}\frac{f(x)-f(a)}{x-a}$$

　② 기하학적 의미

　　함수 $y=f(x)$의 $x=a$에서의 미분계수 $f'(a)$는 곡선 $y=f(x)$ 위의 점 $(a,\ f(a))$에서의 접선의 기울기이다.

(2) 미분가능성과 연속성

　① 미분계수 $f'(a)$가 존재하면 함수 $f(x)$는 $x=a$에서 미분가능하다고 한다.

　② 함수 $f(x)$가 $x=a$에서 미분가능하면 함수 $f(x)$는 $x=a$에서 연속이다. 그러나 일반적으로 그 역은 성립하지 않는다.

(3) 미분법의 공식

　두 함수 $f(x)$, $g(x)$가 미분가능할 때

　① $y=c$ (c는 상수)이면 $y'=0$

　② $y=x^n$이면 $y'=nx^{n-1}$ (단, n은 자연수)

　③ $y=cf(x)$이면 $y'=cf'(x)$ (단, c는 상수)

　④ $y=f(x)\pm g(x)$이면 $y'=f'(x)\pm g'(x)$ (복부호동순)

　⑤ $y=f(x)g(x)$이면 $y'=f'(x)g(x)+f(x)g'(x)$

만점 Tip ▶ 세 함수 $f(x)$, $g(x)$, $h(x)$가 미분가능할 때 $y=f(x)g(x)h(x)$이면
$y'=f'(x)g(x)h(x)+f(x)g'(x)h(x)+f(x)g(x)h'(x)$

2 접선의 방정식

(1) 접선의 방정식

　곡선 $y=f(x)$ 위의 점 $(a,\ f(a))$에서의 접선의 방정식은

$$y-f(a)=f'(a)(x-a)$$

(2) 두 곡선이 접할 조건

　두 곡선 $y=f(x)$, $y=g(x)$가 $x=a$에서 접한다.

　$\iff f(a)=g(a)$, $f'(a)=g'(a)$

3 평균값 정리

(1) 롤의 정리

　함수 $f(x)$가 닫힌구간 $[a,\ b]$에서 연속이고 열린구간 $(a,\ b)$에서 미분가능할 때, $f(a)=f(b)$이면 $f'(c)=0$인 c가 열린구간 $(a,\ b)$에 적어도 하나 존재한다.

(2) 평균값 정리

　함수 $f(x)$가 닫힌구간 $[a,\ b]$에서 연속이고 열린구간 $(a,\ b)$에서 미분가능할 때, $\dfrac{f(b)-f(a)}{b-a}=f'(c)$인 c가 열린구간 $(a,\ b)$에 적어도 하나 존재한다.

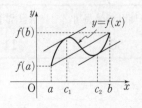

4 함수의 증가와 감소

함수 $f(x)$가 어떤 열린구간에서 미분가능하고 이 구간의 모든 x에 대하여

(1) $f'(x)>0$이면 함수 $f(x)$는 이 구간에서 증가한다.

(2) $f'(x)<0$이면 함수 $f(x)$는 이 구간에서 감소한다.

5 함수의 극대와 극소

(1) 극값의 미분계수

　함수 $f(x)$가 $x=a$를 포함하는 어떤 열린구간에서 미분가능하고 $x=a$에서 극값을 가지면 $f'(a)=0$이다. 그러나 일반적으로 그 역은 성립하지 않는다.

(2) 극대와 극소의 판정

　미분가능한 함수 $f(x)$에 대하여 $f'(a)=0$이고, $x=a$의 좌우에서

　① $f'(x)$의 부호가 양($+$)에서 음($-$)으로 바뀌면 $f(x)$는 $x=a$에서 극대이고, 극댓값은 $f(a)$이다.

　② $f'(x)$의 부호가 음($-$)에서 양($+$)으로 바뀌면 $f(x)$는 $x=a$에서 극소이고, 극솟값은 $f(a)$이다.

6 함수의 최대와 최소

닫힌구간 $[a,\ b]$에서 연속인 함수 $f(x)$에 대하여 이 구간에서의 극값과 양 끝 점에서의 함숫값 $f(a)$, $f(b)$ 중 가장 큰 값이 최댓값이고 가장 작은 값이 최솟값이다.

만점 Tip ▶ 주어진 닫힌구간에서 함수 $f(x)$가 연속일 때, 극댓값과 극솟값은 여러 개 존재할 수 있지만 최댓값과 최솟값은 오직 한 개씩만 존재한다.

7 방정식과 부등식에의 활용

(1) 방정식에의 활용

　① 방정식 $f(x)=0$의 서로 다른 실근의 개수는 함수 $y=f(x)$의 그래프와 x축의 교점의 개수와 같다.

　② 방정식 $f(x)=g(x)$의 서로 다른 실근의 개수는 두 함수 $y=f(x)$와 $y=g(x)$의 그래프의 교점의 개수와 같다.

(2) 부등식에의 활용

　① 어떤 구간에서 부등식 $f(x)\geq0$을 보이려면 그 구간에서 $\{\ f(x)$의 최솟값$\}\geq0$임을 보이면 된다.

　② $x>a$에서 $f'(x)>0$, $f(a)\geq0$이면 $x>a$에서 $f(x)>0$이다.

　③ 부등식 $f(x)\geq g(x)$를 보이려면 $F(x)=f(x)-g(x)$라 하고, $F(x)\geq0$임을 보인다.

8 속도와 가속도

수직선 위를 움직이는 점 P의 시각 t에서의 위치가 함수 $x=f(t)$로 나타내어질 때, 점 P의 시각 t에서의 속도 v와 가속도 a는

(1) $v=\lim_{\Delta t \to 0}\dfrac{\Delta x}{\Delta t}=\dfrac{dx}{dt}=f'(t)$

(2) $a=\lim_{\Delta t \to 0}\dfrac{\Delta v}{\Delta t}=\dfrac{dv}{dt}$

069

2024학년도 평가원 9월

함수 $f(x)=2x^2-x$에 대하여 $\lim\limits_{x \to 1}\dfrac{f(x)-1}{x-1}$의 값은?

① 1   ② 2   ③ 3

④ 4   ⑤ 5

070

2021학년도 평가원 9월

함수 $f(x)=x^3-2x-7$에 대하여 $f'(1)$의 값은?

① 1   ② 2   ③ 3

④ 4   ⑤ 5

071

2021년 시행 교육청 10월

함수 $f(x)=2x^2+ax+3$에 대하여 $x=2$에서의 미분계수가 18일 때, 상수 a의 값을 구하시오.

072

2024학년도 평가원 6월

함수 $f(x)=x^2-2x+3$에 대하여 $\lim\limits_{h \to 0}\dfrac{f(3+h)-f(3)}{h}$의 값은?

① 1   ② 2   ③ 3

④ 4   ⑤ 5

073

2022학년도 평가원 6월

다항함수 $f(x)$에 대하여 함수 $g(x)$를
$$g(x)=(x^2+3)f(x)$$
라 하자. $f(1)=2$, $f'(1)=1$일 때, $g'(1)$의 값은?

① 6   ② 7   ③ 8

④ 9   ⑤ 10

074

2021학년도 평가원 6월

곡선 $y=x^3-6x^2+6$ 위의 점 $(1, 1)$에서의 접선이 점 $(0, a)$를 지날 때, a의 값을 구하시오.

075

2021학년도 평가원 6월

함수 $f(x)=-\dfrac{1}{3}x^3+2x^2+mx+1$이 $x=3$에서 극대일 때, 상수 m의 값은?

① -3 ② -1 ③ 1

④ 3   ⑤ 5

076

2021학년도 수능

곡선 $y=4x^3-12x+7$과 직선 $y=k$가 만나는 점의 개수가 2가 되도록 하는 양수 k의 값을 구하시오.

유형 ① 미분계수

유형 및 경향 분석

미분계수를 직접 구하는 문제와 미분계수의 정의를 이용하는 문제 등이 출제된다. 평균변화율과 미분계수의 개념을 정확히 이해하고, 주어진 조건을 이용하여 구할 수 있어야 한다.

📘 실전 가이드

(1) 함수 $y=f(x)$에서 x의 값이 a에서 b까지 변할 때의 평균변화율은

$$\frac{\Delta y}{\Delta x}=\frac{f(b)-f(a)}{b-a}=\frac{f(a+\Delta x)-f(a)}{\Delta x} \text{ (단, } \Delta x=b-a)$$

(2) 함수 $f(x)$의 $x=a$에서의 미분계수 $f'(a)$는

$$f'(a)=\lim_{h\to 0}\frac{f(a+h)-f(a)}{h}=\lim_{x\to a}\frac{f(x)-f(a)}{x-a}$$

(3) 곡선 $y=f(x)$ 위의 점 $(a, f(a))$에서의 접선의 기울기가 p이면

$$f'(a)=\lim_{h\to 0}\frac{f(a+h)-f(a)}{h}=\lim_{x\to a}\frac{f(x)-f(a)}{x-a}=p$$

077 | 대표 유형 |

2023년 시행 교육청 4월

0이 아닌 모든 실수 h에 대하여 다항함수 $f(x)$에서 x의 값이 1에서 $1+h$까지 변할 때의 평균변화율이 h^2+2h+3일 때, $f'(1)$의 값은?

① 1   ② $\frac{3}{2}$ ③ 2

④ $\frac{5}{2}$ ⑤ 3

078

다항함수 $f(x)$에 대하여 x의 값이 1에서 4까지 변할 때의 평균변화율이 3이고 함수 $f(x)$에 대하여 $x=3$에서의 미분계수도 3일 때, $\lim_{h\to 0}\dfrac{h\{f(4)-f(1)\}^2}{f(3+2h)-f(3)}$의 값은?

① 12   ② $\frac{25}{2}$ ③ 13

④ $\frac{27}{2}$ ⑤ 14

079

다항함수 $f(x)$에 대하여 $\lim_{x\to 3}\dfrac{f(x)}{x^2-9}=\dfrac{1}{3}$일 때, $\lim_{h\to 0}\dfrac{f(3+h)}{h}$의 값을 구하시오.

080

다항함수 $f(x)$에 대하여 $\lim_{h \to 0} \dfrac{f(2+3h)+2}{h} = 3$일 때, $\lim_{x \to 1} \dfrac{xf(2)-f(2x)}{x-1}$의 값은?

① -5 ② -4 ③ -3

④ -2 ⑤ -1

081

두 다항함수 $f(x)$, $g(x)$에 대하여

$$f'(a)=1, \ \lim_{h \to 0} \frac{f(a+2h)-f(a)+g(h)}{h} = 0$$

이 성립할 때, $g'(0)$의 값은? (단, a는 상수이다.)

① -2 ② -1 ③ 0

④ 1 ⑤ 2

082

함수 $f(x)=x^3-4ax^2+3a^2x$에 대하여 x의 값이 $-a$에서 $2a$까지 변할 때의 평균변화율을 $M(a)$라 하자. $M(a)<100$을 만족시키는 정수 a의 개수는? (단, $a \neq 0$)

① 13 ② 14 ③ 15

④ 16 ⑤ 17

유형 2 미분가능성과 연속성

유형 및 경향 분석

미분가능성과 연속성 사이의 관계를 이용하여 미정계수를 구하거나 특정한 x의 값에서 미분계수가 존재하는지를 판단하는 문제가 출제된다. 미분가능성의 뜻과 미분가능성과 연속성 사이의 관계를 이해해야 한다.

🔍 실전 가이드

(1) 함수 $f(x)$가 $x=a$에서 미분가능하면 함수 $f(x)$는 $x=a$에서 연속이다. 그러나 일반적으로 역은 성립하지 않는다.

(2) 함수 $f(x)$가 $x=a$에서 미분가능하면
   ① 함수 $f(x)$는 $x=a$에서 연속이다.
   즉, $\lim\limits_{x \to a+} f(x) = \lim\limits_{x \to a-} f(x) = f(a)$
   ② 함수 $f(x)$의 $x=a$에서의 미분계수 $f'(a)$가 존재한다.
   즉, $\lim\limits_{x \to a-} \dfrac{f(x)-f(a)}{x-a} = \lim\limits_{x \to a+} \dfrac{f(x)-f(a)}{x-a}$

---

083 | 대표 유형 |

2021학년도 평가원 9월

함수

$$f(x) = \begin{cases} x^3 + ax + b & (x<1) \\ bx + 4 & (x \geq 1) \end{cases}$$

이 실수 전체의 집합에서 미분가능할 때, $a+b$의 값은?

(단, a, b는 상수이다.)

① 6　　　　　② 7　　　　　③ 8
④ 9　　　　　⑤ 10

084

함수

$$f(x) = \begin{cases} 4(x+a) & (x<0) \\ x^2 + (a^2 - 3a)x + a^2 & (x \geq 0) \end{cases}$$

이 실수 전체의 집합에서 미분가능할 때, 상수 a의 값은?

① 1　　　　　② 2　　　　　③ 3
④ 4　　　　　⑤ 5

085

함수

$$f(x) = \begin{cases} ax^2 + bx & (x<3) \\ x^3 - 12x & (x \geq 3) \end{cases}$$

이 실수 전체의 집합에서 미분가능할 때, $f(1)$의 값은?

① -12　　　　② -15　　　　③ -18
④ -21　　　　⑤ -24

086

두 함수

$$f(x)=|x-1|,\ g(x)=\begin{cases} x+1 & (x<1) \\ 2x+a & (x\geq1) \end{cases}$$

에 대하여 함수 $f(x)g(x)$가 실수 전체의 집합에서 미분가능할 때, 상수 a의 값은?

① -5 ② -4 ③ -3

④ -2 ⑤ -1

087

최고차항의 계수가 1인 이차함수 $f(x)$에 대하여 함수 $g(x)$를

$$g(x)=\begin{cases} -f(x) & (x<1) \\ f(x) & (x\geq1) \end{cases}$$

이라 하자. 함수 $g(x)$가 $x=1$에서 미분가능할 때, $g(2)$의 값은?

① -2 ② -1 ③ 0

④ 1 ⑤ 2

088

삼차함수 $f(x)$에 대하여 함수

$$g(x)=\begin{cases} f(x) & (x<4) \\ x^2-8x & (x\geq4) \end{cases}$$

가 실수 전체의 집합에서 미분가능하고 $f(0)=0$, $\lim\limits_{h\to0}\dfrac{f(h)}{h}=0$일 때, $f(1)$의 값은?

① -3 ② $-\dfrac{5}{2}$ ③ -2

④ $-\dfrac{3}{2}$ ⑤ -1

유형 ③ 도함수

유형 및 경향 분석

미분법의 공식과 미분계수의 정의를 이용하여 미분계수를 구하거나 조건을 만족시키는 함수를 구하는 문제가 출제된다. 미분법의 공식을 이용하여 도함수를 구하는 연습을 충분히 하고, 도함수와 다른 단원이 결합된 문제도 해결할 수 있어야 한다.

실전 가이드

두 함수 $f(x)$, $g(x)$가 미분가능할 때
(1) $y=c$ (c는 상수)이면 $y'=0$
(2) $y=x^n$이면 $y'=nx^{n-1}$ (단, n은 자연수)
(3) $y=cf(x)$이면 $y'=cf'(x)$ (단, c는 상수)
(4) $y=f(x)\pm g(x)$이면 $y'=f'(x)\pm g'(x)$ (복부호동순)
(5) $y=f(x)g(x)$이면 $y'=f'(x)g(x)+f(x)g'(x)$

089 | 대표 유형 | 2023학년도 수능

다항함수 $f(x)$에 대하여 함수 $g(x)$를
$$g(x)=x^2f(x)$$
라 하자. $f(2)=1$, $f'(2)=3$일 때, $g'(2)$의 값은?

① 12　　　　　② 14　　　　　③ 16

④ 18　　　　　⑤ 20

090

함수 $f(x)=2x^3+x^2+ax$에 대하여
$\lim\limits_{h\to 0}\dfrac{f(1+h)-f(1)}{h}=10$일 때, 상수 a의 값은?

① -4　　　　② -2　　　　③ 0

④ 2　　　　　⑤ 4

091

다항함수 $f(x)$에 대하여 함수 $g(x)$를
$$g(x)=(x^2+ax)f(x)$$
라 하자. $f(-1)=3$, $f'(-1)=-2$일 때, $g'(-1)=2$이다. 상수 a의 값은?

① $\dfrac{1}{2}$　　　　② 1　　　　③ 2

④ 4　　　　　⑤ 8

092

모든 실수 x에서 미분가능한 함수 $f(x)$에 대하여 함수
$g(x)=(x^2+3x)f(x)$가 $g(1)=8$, $g'(1)=18$을 만족시킬 때, $f'(1)$의 값은?

① $\dfrac{1}{2}$ ② 1 ③ $\dfrac{3}{2}$

④ 2 ⑤ $\dfrac{5}{2}$

093

모든 실수 x에서 미분가능한 함수 $f(x)$가 등식
$$(x^2-x+3)f(x)=x^3+2x+3$$
을 만족시킬 때, $f'(1)$의 값은?

① $-\dfrac{3}{2}$ ② -1 ③ $-\dfrac{1}{2}$

④ $\dfrac{1}{2}$ ⑤ 1

094

다항함수 $f(x)$가 모든 실수 x에 대하여
$$\lim_{h\to 0}\frac{f(x+h)-f(x-h)}{h}=2x^3-6x^2-8x$$
를 만족시킬 때, $f'(-2)$의 값은?

① -10 ② -11 ③ -12

④ -13 ⑤ -14

095

함수 $f(x)=x^3+2x+5$이고, 다항함수 $g(x)$가

$$\lim_{x \to 1} \frac{g(x)+4}{x^2-1}=2$$

를 만족시킨다. 함수 $h(x)=f(x)g(x)$에 대하여 $h'(1)$의 값은?

① 10　　　　② 12　　　　③ 14

④ 16　　　　⑤ 18

096

실수 전체의 집합에서 미분가능한 함수 $f(x)$가 모든 실수 x, y에 대하여

$$f(x+y)=f(x)+f(y)+4xy$$

를 만족시킬 때, $f'(3)-f'(0)$의 값은?

① 12　　　　② 14　　　　③ 16

④ 18　　　　⑤ 20

097

두 다항함수 $f(x)$, $g(x)$가

$$\lim_{x \to 3} \frac{f(x)-5}{x^2-3x}=2, \ \lim_{x \to 3} \frac{g(x)+3}{x^2-9}=2$$

를 만족시킨다. 함수 $h(x)=f(x)g(x)$에 대하여 $h'(3)$의 값은?

① 40　　　　② 42　　　　③ 44

④ 46　　　　⑤ 48

유형 4 접선의 방정식

유형 및 경향 분석

곡선 위의 점에서의 접선과 곡선 밖의 한 점에서 곡선에 그은 접선에 대한 문제가 출제된다. 접선의 방정식을 구하는 방법을 익히고, 곡선과 직선의 위치 관계에 대하여 알아 두어야 한다.

실전 가이드

(1) 곡선 $y=f(x)$ 위의 점 $(a, f(a))$가 주어질 때 접선의 방정식은 다음과 같은 순서로 구한다.
  ❶ 접선의 기울기 $f'(a)$를 구한다.
  ❷ $y-f(a)=f'(a)(x-a)$를 이용하여 접선의 방정식을 구한다.
(2) 곡선 $y=f(x)$의 접선의 기울기 m이 주어질 때 접선의 방정식은 다음과 같은 순서로 구한다.
  ❶ 접점의 좌표를 $(a, f(a))$로 놓는다.
  ❷ $f'(a)=m$임을 이용하여 a의 값을 구한다.
  ❸ a의 값을 $y-f(a)=f'(a)(x-a)$에 대입하여 접선의 방정식을 구한다.
(3) 곡선 $y=f(x)$ 밖의 한 점 (p, q)에서 곡선에 그은 접선의 방정식은 다음과 같은 순서로 구한다.
  ❶ 접점의 좌표를 $(a, f(a))$로 놓는다.
  ❷ $y-f(a)=f'(a)(x-a)$에 점 (p, q)의 좌표를 대입하여 a의 값을 구한다.
  ❸ a의 값을 $y-f(a)=f'(a)(x-a)$에 대입하여 접선의 방정식을 구한다.

098 | 대표 유형 |
2023학년도 수능

점 $(0, 4)$에서 곡선 $y=x^3-x+2$에 그은 접선의 x절편은?

① $-\dfrac{1}{2}$ ② -1 ③ $-\dfrac{3}{2}$

④ -2 ⑤ $-\dfrac{5}{2}$

099

실수 전체의 집합에서 미분가능한 함수 $f(x)$가

$\displaystyle\lim_{x\to 1}\dfrac{f(x)-3}{x-1}=4$를 만족시킬 때, 곡선 $y=f(x)$ 위의 점

$(1, f(1))$에서의 접선의 방정식은 $y=ax+b$이다. 두 상수 a, b에 대하여 a^2+b^2의 값은?

① 15 ② 17 ③ 19

④ 21 ⑤ 23

100

곡선 $y=-x^3+4x+1$ 위의 점 $(0, 1)$에서의 접선과 수직이고 점 $(4, 3)$을 지나는 직선의 방정식이 $y=ax+b$일 때, 두 상수 a, b에 대하여 $a+b$의 값은?

① $\dfrac{9}{4}$ ② $\dfrac{11}{4}$ ③ $\dfrac{13}{4}$

④ $\dfrac{15}{4}$ ⑤ $\dfrac{17}{4}$

101

점 $(0, -6)$에서 곡선 $y=x^3+2x-4$에 그은 접선이
점 $(3, a)$를 지날 때, a의 값은?

① 6   ② 7   ③ 8
④ 9   ⑤ 10

102

곡선 $y=x^3-x+1$ 위의 서로 다른 두 점 A$(1, 1)$, B(a, b)
에서의 접선이 서로 평행하다. 이 두 접선 사이의 거리는?

① $\dfrac{\sqrt{5}}{5}$ ② $\dfrac{2\sqrt{5}}{5}$ ③ $\dfrac{3\sqrt{5}}{5}$

④ $\dfrac{4\sqrt{5}}{5}$ ⑤ $\sqrt{5}$

103

함수 $f(x)=2x^3+3x^2-4$에 대하여 곡선 $y=f(x)$ 위의 점
A$(a, f(a))$에서의 접선 l_1과 점 B$(a+3, f(a+3))$에서의
접선 l_2가 서로 평행하다. 두 직선 l_1, l_2가 y축과 만나는 점을
각각 P, Q라 할 때, 선분 PQ의 길이는?

① 25   ② 27   ③ 29
④ 31   ⑤ 33

유형 5 함수의 증가와 감소

유형 및 경향 분석

함수 $f(x)$의 도함수 $f'(x)$의 부호를 이용하여 조건을 만족시키는 미정계수의 값의 최댓값이나 최솟값을 구하는 문제가 출제된다. 단독으로 출제되기도 하지만 이후 유형들의 기반이 될 때가 많으므로 함수 $f(x)$가 증가 또는 감소할 조건에 대하여 잘 알아 두어야 한다.

실전 가이드

(1) 함수 $f(x)$가 어떤 열린구간에서 미분가능하고, 이 구간의 모든 x에 대하여
  ① $f'(x) > 0$ ➡ 함수 $f(x)$는 이 구간에서 증가
  ② $f'(x) < 0$ ➡ 함수 $f(x)$는 이 구간에서 감소
(2) 미분가능한 함수 $f(x)$에 대하여 어떤 구간에서
  ① 함수 $f(x)$가 증가 ➡ 이 구간의 모든 x에 대하여 $f'(x) \geq 0$
  ② 함수 $f(x)$가 감소 ➡ 이 구간의 모든 x에 대하여 $f'(x) \leq 0$

104 | 대표 유형 |

2022학년도 수능

함수 $f(x) = x^3 + ax^2 - (a^2 - 8a)x + 3$이 실수 전체의 집합에서 증가하도록 하는 실수 a의 최댓값을 구하시오.

105

함수 $f(x) = 2x^3 + (a+2)x^2 + (a^2 + 2a)x - 3$이 실수 전체의 집합에서 증가하도록 하는 양수 a의 최솟값은?

① $\dfrac{1}{5}$　　　② $\dfrac{2}{5}$　　　③ $\dfrac{3}{5}$

④ $\dfrac{4}{5}$　　　⑤ 1

106

삼차함수 $f(x) = x^3 + 3(a+1)x^2 - 3(a^2 - 5)x + 1$의 역함수가 존재할 때, 실수 a의 최댓값은?

① -2　　　② -1　　　③ 0

④ 1　　　⑤ 2

107

함수 $f(x) = -x^3 + (a-1)x^2 - (3a-3)x + 2$의 역함수가 존재하지 않도록 하는 자연수 a의 최솟값은?

① 8   ② 9   ③ 10

④ 11   ⑤ 12

유형 6 함수의 극대와 극소

유형 및 경향 분석

함수의 극댓값과 극솟값을 구하는 문제와 함수의 극대와 극소에 대한 조건을 주고 미정계수를 결정하는 문제가 출제된다. 함수의 극대와 극소에 대한 조건을 이해하고, 극댓값과 극솟값을 구할 수 있어야 한다.

실전 가이드

(1) 함수 $f(x)$가 증가(감소)하는 구간을 묻는 문제
  ➡ $f'(x) \geq 0$ ($f'(x) \leq 0$)임을 이용하여 구한다.

(2) 극값을 가질 조건을 이용하여 미지수를 구하는 문제
  ➡ 함수 $f(x)$가 $x=a$에서 극값 b를 갖는 경우
    $f'(a)=0$, $f(a)=b$임을 이용하여 구한다.

(3) 함수 $f(x)$가 극값을 갖지 않을 조건, 역함수를 가질 조건, 일대일대응이 될 조건 등을 묻는 문제
  ➡ 주어진 함수가 주어진 구간에서 증가하거나 감소해야 한다. 특히, 삼차함수인 경우 $f'(x)=0$의 판별식 D에 대하여 $D \leq 0$이어야 함을 이용하여 구한다.

108 | 대표 유형 | 2022학년도 평가원 9월

함수 $f(x) = 2x^3 + 3x^2 - 12x + 1$의 극댓값과 극솟값을 각각 M, m이라 할 때, $M+m$의 값은?

① 13   ② 14   ③ 15

④ 16   ⑤ 17

109

함수 $f(x)=2x^3-4x^2+ax-3$이 $x=1$에서 극댓값 M을 가질 때, a^2+M^2의 값은? (단, a는 상수이다.)

① 11　　　　② 12　　　　③ 13

④ 14　　　　⑤ 15

110

다항함수 $f(x)$에 대하여 함수 $g(x)$를
$$g(x)=(2x^2-3x)f(x)$$
라 하자. 함수 $g(x)$가 $x=2$에서 극솟값 -4를 가질 때, $f'(2)$의 값은?

① 1　　　　② 2　　　　③ 3

④ 4　　　　⑤ 5

111

함수 $f(x)=x^3+ax^2+bx$가 $x=-1$에서 극댓값 8을 가질 때, 함수 $f(x)$의 극솟값은? (단, a, b는 상수이다.)

① -100　　　② -95　　　③ -90

④ -85　　　⑤ -80

112

함수 $f(x)=-x^4+ax^3+2ax^2+b$는 $x=-1$에서 극대이고, 함수 $f(x)$의 극솟값이 -1일 때, $a+b$의 값은?

(단, a, b는 상수이다.)

① 1 ② 2 ③ 3
④ 4 ⑤ 5

113

다항함수 $f(x)$는 다음 조건을 만족시킨다.

(가) $\lim\limits_{x \to \infty} \dfrac{f(x)}{x^3}=2$

(나) 함수 $f(x)$는 $x=-2$와 $x=1$에서 극값을 갖는다.

$\lim\limits_{h \to 0} \dfrac{f(2+3h)-f(2)}{h}$의 값을 구하시오.

114

최고차항의 계수가 1인 사차함수 $f(x)$가 다음 조건을 만족시킬 때, $f(1)$의 값은?

(가) 모든 실수 x에 대하여 $f'(-x)=-f'(x)$이다.

(나) 함수 $f(x)$는 극댓값 3, 극솟값 -6을 갖는다.

① -2 ② -1 ③ 0
④ 1 ⑤ 2

유형 **7** 함수의 최대와 최소

유형 및 경향 분석

주어진 조건을 이용하여 그래프를 추론하고 닫힌구간에서 함수의 최댓값과 최솟값을 구하는 문제가 출제된다. 주어진 닫힌구간에서 함수의 극대와 극소를 이용하여 최댓값과 최솟값을 구할 수 있어야 한다.

📇 실전 가이드

(1) 주어진 닫힌구간에서 함수의 최댓값과 최솟값을 구하는 문제
 ➡ 주어진 닫힌구간에서의 극댓값, 극솟값을 구하고 닫힌구간의 양 끝 값에서의 함숫값을 비교하여 최댓값과 최솟값을 구한다.
(2) 최댓값과 최솟값을 이용하여 미지수를 구하는 문제
 ➡ 닫힌구간에서 함수의 최댓값과 최솟값을 미지수에 대한 식으로 나타낸 후 이를 이용하여 미지수의 값을 구한다.

115 | 대표 유형 | 2018학년도 평가원 6월

닫힌구간 $[-1, 3]$에서 함수 $f(x) = x^3 - 3x + 5$의 최솟값은?

① 1   ② 2   ③ 3
④ 4   ⑤ 5

116

닫힌구간 $[-1, 2]$에서 함수 $f(x) = 2x^3 - 9x^2 + 12x - 2$의 최댓값을 M, 최솟값을 m이라 할 때, $M - m$의 값을 구하시오.

117

닫힌구간 $[-4, 4]$에서 함수 $f(x) = x^3 + 3x^2 - 9x + a$의 최솟값이 21일 때, 상수 a의 값을 구하시오.

118

닫힌구간 $[0, 2]$에서 함수 $f(x) = -ax^3 + 3x^2$의 최솟값이 -12일 때, 이 구간에서 함수 $f(x)$의 최댓값은? (단, $a > 1$)

① $\dfrac{2}{9}$ ② $\dfrac{4}{9}$ ③ $\dfrac{2}{3}$

④ $\dfrac{8}{9}$ ⑤ $\dfrac{10}{9}$

119

닫힌구간 $[-1, 2]$에서 함수 $f(x) = ax^3 - 3ax + b$의 최댓값이 5, 최솟값이 1일 때, 두 양수 a, b에 대하여 $a + b$의 값은?

① 2 ② 4 ③ 6

④ 8 ⑤ 10

120

양수 a에 대하여 닫힌구간 $[-2a, 2a]$에서 함수 $f(x) = 3x^4 + 4ax^3 - 12a^2x^2$의 최솟값이 -16이고, 최댓값이 M일 때, $a^4 \times M$의 값은?

① 1 ② 2 ③ 4

④ 8 ⑤ 16

121

닫힌구간 $[0, a]$에서 함수 $f(x) = x^3 - 3x^2 + 5$의 최댓값이 $f(0)$이 되기 위한 양수 a의 최댓값은?

① 1 ② 2 ③ 3

④ 4 ⑤ 5

122

그림과 같이 곡선 $y = -x^2 + 4$ 위의 점 A를 지나고 x축에 평행한 직선이 곡선 $y = -x^2 + 4$와 만나는 A가 아닌 점을 B라 하자. 점 C(-2, 0)에 대하여 삼각형 ABC의 넓이의 최댓값은? (단, 점 A는 제1사분면 위에 있다.)

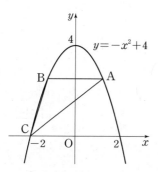

① $\dfrac{4\sqrt{3}}{3}$

② $\dfrac{13\sqrt{3}}{9}$

③ $\dfrac{14\sqrt{3}}{9}$

④ $\dfrac{5\sqrt{3}}{3}$

⑤ $\dfrac{16\sqrt{3}}{9}$

123

최고차항의 계수가 1인 삼차함수 $f(x)$의 도함수 $y = f'(x)$의 그래프가 그림과 같다. 함수 $f(x)$의 극솟값이 7일 때, 닫힌구간 $[0, 5]$에서 함수 $f(x)$의 최댓값을 구하시오.

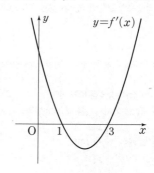

유형 8 방정식에의 활용

유형 및 경향 분석

함수 $y=f(x)$의 그래프의 개형을 이용하여 방정식 $f(x)=0$의 실근의 개수를 구하는 문제가 출제된다. 방정식 $f(x)=0$의 실근의 개수가 함수 $y=f(x)$의 그래프와 x축의 교점의 개수와 같음을 이해하여야 한다.

실전 가이드

(1) 삼차함수 $f(x)$가 극값을 가질 때, 삼차방정식 $f(x)=0$의 근의 개수를 구하는 문제
 ➡ (극댓값)×(극솟값)의 부호를 따져 본다.

(2) 삼차함수 $f(x)$가 극값을 가지지 않을 때, 삼차방정식 $f(x)=0$의 근의 개수를 구하는 문제
 ➡ 서로 다른 실근의 개수는 항상 1이다.

124 | 대표 유형 |

2021년 시행 교육청 3월

방정식 $2x^3-3x^2-12x+k=0$이 서로 다른 세 실근을 갖도록 하는 정수 k의 개수는?

① 20　　　　② 23　　　　③ 26

④ 29　　　　⑤ 32

125

삼차방정식 $x^3-6x-k=0$이 서로 다른 두 개의 양의 실근과 한 개의 음의 실근을 갖도록 하는 모든 정수 k의 개수는?

① 4　　　　② 5　　　　③ 6

④ 7　　　　⑤ 8

126

방정식 $x^3+3x^2-24x-12-k=0$의 서로 다른 실근의 개수가 2가 되도록 하는 모든 실수 k의 값의 합은?

① 24　　　　② 28　　　　③ 32

④ 36　　　　⑤ 40

127

방정식 $3x^4 - 4x^3 - 12x^2 + k = 0$이 서로 다른 4개의 실근을 갖도록 하는 정수 k의 개수는?

① 3   ② 4   ③ 5

④ 6   ⑤ 7

128

두 함수 $f(x) = x^3 + x^2 - 2x$, $g(x) = -2x^2 + 7x + a$의 그래프가 서로 다른 세 점에서 만나도록 하는 모든 정수 a의 개수는?

① 30   ② 31   ③ 32

④ 33   ⑤ 34

129

실수 t에 대하여 곡선 $y = 2x^3 - 3ax^2 + 3a^2 + a$와 직선 $y = t$가 만나는 서로 다른 점의 개수를 $g(t)$라 하자.

$g(2) < g(3) < g(4)$가 성립하도록 하는 양수 a의 값은?

① 1   ② $\dfrac{3}{2}$ ③ 2

④ $\dfrac{5}{2}$ ⑤ 3

유형 9 부등식에의 활용

유형 및 경향 분석

함수 $y=f(x)$의 최솟값 또는 최댓값을 이용하여 부등식 $f(x)>0$, $f(x)\geq 0$, $f(x)<0$, $f(x)\leq 0$이 항상 성립하도록 하는 조건을 묻는 문제가 주로 출제된다.

실전 가이드

(1) 부등식 $f(x)>g(x)$를 만족시키도록 하는 조건을 구하는 문제
　➡ 함수 $f(x)-g(x)$의 최솟값이 양수임을 이용한다.

(2) 부등식 $f(x)\geq g(x)$를 만족시키도록 하는 조건을 구하는 문제
　➡ 함수 $f(x)-g(x)$의 최솟값이 0 이상임을 이용한다.

130 | 대표 유형 |
2022년 시행 교육청 4월

모든 실수 x에 대하여 부등식

$$x^4-4x^3+16x+a\geq 0$$

이 항상 성립하도록 하는 실수 a의 최솟값을 구하시오.

131

열린구간 $(1,\ 4)$에서 부등식 $x^3-9x^2+k>0$이 항상 성립하도록 하는 실수 k의 최솟값은?

① 60　　　　② 70　　　　③ 80

④ 90　　　　⑤ 100

132

두 함수

$$f(x)=2x^3-x^2-4x+3,\ g(x)=2x^2-4x+k$$

가 있다. $x\geq 0$인 모든 실수 x에 대하여 부등식 $f(x)\geq g(x)$가 성립할 때, 실수 k의 최댓값은?

① 1　　　　② 2　　　　③ 3

④ 4　　　　⑤ 5

유형 ⑩ 속도와 가속도

유형 및 경향 분석

시각에 대한 물체의 위치가 주어졌을 때, 속도와 가속도를 구하는 형태의 문제로 출제된다. 물체의 위치와 속도, 가속도 사이의 관계에 대하여 정확하게 알아두어야 한다.

📱 실전 가이드

(1) 속도와 가속도를 묻는 문제
  ➡ 위치 함수를 한 번 미분하면 속도 함수, 속도 함수를 한 번 미분하면 가속도 함수임을 이용한다.
(2) 운동 방향을 바꾸거나 멈추는 시각을 구하는 문제
  ➡ 속도가 0이 됨을 이용한다.

133 | 대표 유형 |

2020학년도 평가원 6월

수직선 위를 움직이는 점 P의 시각 t $(t>0)$에서의 위치 x가

$$x = t^3 - 5t^2 + 6t$$

이다. $t=3$에서 점 P의 가속도를 구하시오.

134

수직선 위를 움직이는 점 P의 시각 t $(t \geq 0)$에서의 위치 x가

$$x = t^3 + at^2 + bt \ (a, b는 \ 상수)$$

이다. $t=2$에서 운동 방향을 바꾸고 $t=3$에서 점 P의 속도가 -1일 때, $t=1$에서의 점 P의 위치는?

① 11 ② 13 ③ 15
④ 17 ⑤ 19

135

수직선 위를 움직이는 두 점 P, Q의 시각 t $(t \geq 0)$에서의 위치 $f(t)$, $g(t)$가

$$f(t) = t^3 - 6t^2 + 4t, \ g(t) = 2t^2 - t - 4$$

이다. 두 점 P, Q의 속도가 두 번째로 같아지는 순간 점 P의 가속도는?

① 12 ② 14 ③ 16
④ 18 ⑤ 20

136

수직선 위를 움직이는 두 점 P, Q의 시각 t $(t>0)$에서의 위치 $f(t)$, $g(t)$가

$$f(t) = 2t^3 - 6t^2 + 5t, \ g(t) = 4t^2 - 3t$$

이다. 두 점 P, Q가 출발한 후 두 번째로 만나는 순간 점 P의 가속도는?

① 32 ② 36 ③ 40
④ 44 ⑤ 48

137

그림과 같이 한 변의 길이가 4인 정사각형 ABCD에서 선분 AD 위에 점 A와 점 D가 아닌 점 P가 있다. 점 P를 지나고 직선 CP에 수직인 직선이 선분 AB와 만나는 점을 Q라 할 때, 삼각형 PAQ의 넓이의 최댓값은 $\dfrac{q}{p}$이다. $p+q$의 값을 구하시오.

(단, p와 q는 서로소인 자연수이다.)

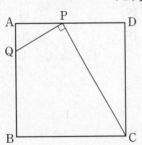

해결 전략

Step ❶ $\overline{AD}=t$ $(0<t<4)$라 하고 두 삼각형 PAQ, CDP가 서로 합동임을 이용하여 주어진 조건을 만족시키는 삼각형 PAQ의 넓이의 식 구하기

Step ❷ 도함수를 이용하여 삼각형 PAQ의 넓이가 최대가 되는 선분 AP의 길이 구하기

Step ❸ 삼각형 PAQ의 넓이의 최댓값 구하기

138

삼차함수 $f(x)=x^3+6x^2+ax+b$가 다음 조건을 만족시킨다.

(가) $f(1)=f'(1)$

(나) $x \geq 0$인 모든 실수 x에 대하여 $f(x) \geq f'(x)$이다.

$a+b$의 값은? (단, a, b는 상수이다.)

① 11   ② 13   ③ 15   ④ 17   ⑤ 19

해결 전략

Step ❶ 조건 (가)를 이용하여 상수 b의 값 구하기

Step ❷ 조건 (나)를 만족시키는 삼차함수의 그래프의 개형 그리기

Step ❸ 조건 (나)을 만족시키는 상수 a의 값 구하기

139

최고차항의 계수가 1인 삼차함수 $f(x)$가 다음 조건을 만족시킬 때, $f(6)$의 값을 구하시오.

> (가) 함수 $f(x)$는 $x=2$에서 극댓값 8을 갖는다.
> (나) 방정식 $f(x)=f(1)$의 서로 다른 실근의 개수는 2이다.

정답 및 해설 30쪽

해결 전략

Step ① 두 조건 (가), (나)를 이용하여 함수 $y=f(x)$의 그래프의 개형 그리기

Step ② **Step ①**에서의 그래프의 개형을 이용하여 함수 $f(x)$의 식을 세운 후 극솟값을 가질 때의 x의 값 구하기

Step ③ **Step ②**의 x의 값과 조건 (가)를 이용하여 함수 $f(x)$의 식 정하기

140

구간 $[2, \infty)$에서 함수 $f(x)=x^3+3ax^2-9a^2x+6$의 최솟값이 8일 때, 양수 a의 값은?

① 1   ② 2   ③ 3   ④ 4   ⑤ 5

해결 전략

Step ① 도함수를 이용하여 함수 $f(x)$가 최솟값을 가질 때의 x의 값 구하기

Step ② 조건을 만족시키는 a의 값의 범위 나누기

Step ③ **Step ②**를 만족시키는 양수 a의 값 구하기

141

임의의 실수 t에 대하여 $x \le t$에서 함수 $f(x) = 3x^4 - 4x^3 - 12x^2 + 1$의 최솟값을 $g(t)$라 하자. |보기|에서 옳은 것만을 있는 대로 고른 것은?

┌─ 보기 ├──────────────────────────────

ㄱ. $t < -1$일 때, 함수 $g(t)$는 감소한다.

ㄴ. 함수 $g(t)$의 최솟값은 -31이다.

ㄷ. 함수 $g(t)$는 실수 전체의 집합에서 미분가능하다.

└──────────────────────────────────

① ㄱ   ② ㄷ   ③ ㄱ, ㄴ   ④ ㄴ, ㄷ   ⑤ ㄱ, ㄴ, ㄷ

해결 전략

Step ❶ 함수 $y = f(x)$의 그래프의 개형 그리기

Step ❷ 함수 $y = f(x)$의 그래프의 개형을 이용하여 함수 $y = g(t)$의 그래프의 개형 그리기

Step ❸ ㄱ, ㄴ, ㄷ의 참, 거짓 판별하기

142

$a < -2$인 실수 a에 대하여 함수 $f(x)$를

$$f(x) = \begin{cases} x^2 - ax & (x \le -1) \\ x^3 + 2x^2 + a & (x > -1) \end{cases}$$

라 하자. 함수 $f(x)$의 모든 극값의 합이 -11일 때, a의 값은?

① -5 ② $-\dfrac{9}{2}$ ③ -4 ④ $-\dfrac{7}{2}$ ⑤ -3

해결 전략

Step ❶ 함수 $f(x)$가 $x = -1$에서 연속인지 불연속인지 확인하기

Step ❷ 도함수를 이용하여 $a < -2$인 실수 a에 대하여 함수 $f(x)$의 극값 구하기

Step ❸ 주어진 조건을 만족시키는 a의 값 구하기

143

최고차항의 계수가 1인 삼차함수 $f(x)$가 다음 조건을 만족시킬 때, |보기|에서 옳은 것만을 있는 대로 고른 것은?

(가) 함수 $|f(x)-9x|$는 실수 전체의 집합에서 미분가능하다.
(나) 모든 실수 x에 대하여 $(x-3)f(x) \geq 0$이다.

| 보기 |

ㄱ. 방정식 $f(x)-9x=0$의 실근의 개수는 1이다.
ㄴ. $f(3)=0$
ㄷ. $f'(3)=18$

① ㄱ ② ㄷ ③ ㄱ, ㄴ ④ ㄴ, ㄷ ⑤ ㄱ, ㄴ, ㄷ

해결 전략

Step ❶ 조건 (가)를 이용하여 함수 $f(x)-9x$의 식 구하기

Step ❷ 조건 (나)를 이용하여 $f(3)$의 값 구하기

Step ❸ Step ❶, ❷에서 구한 조건을 이용하여 함수 $f(x)$의 식 구하기

144

최고차항의 계수가 1인 다항함수 $f(x)$가 다음 조건을 만족시킨다.

> (가) $f(0)=1$
> (나) 모든 양의 실수 x에 대하여 $3x+1 \leq f(x) \leq x^3+3$이다.

$f(-1)$의 값은?

① -14 ② -12 ③ -10 ④ -8 ⑤ -6

해결 전략

Step ❶ 조건 (나)를 이용하여 특정한 x의 값에서의 함숫값 구하기

Step ❷ 함수의 극한의 대소 관계를 이용하여 특정한 x의 값에서의 미분계수 구하기

Step ❸ Step ❶, ❷에서 구한 조건과 조건 (가)를 이용하여 함수 $f(x)$의 식 구하기

145

함수 $f(x)=\dfrac{4}{3}x^3-(2n-1)^2 x$ (n은 자연수)에 대하여 함수 $g(x)$를

$$g(x)=\begin{cases} f(x) & (x<k) \\ f'(k)(x-k)+f(k) & (x \geq k) \end{cases}$$

로 정의하자. 함수 $g(x)$가 극값을 두 개 갖도록 하는 자연수 k의 최솟값을 a_n이라 할 때, a_{100}의 값을 구하시오.

해결 전략

Step ❶ 함수 $f(x)$의 증가, 감소를 표로 나타내기

Step ❷ 함수 $y=g(x)$의 그래프의 개형 그리기

Step ❸ 조건을 만족시키는 a_n의 식 구하기

146

함수

$$f(x)=-x^3+\frac{3}{2}(k+2)x^2-6kx+7k-1$$

에 대하여 극댓값과 극솟값의 차가 $\frac{27}{2}$이고 $x\geq 0$에서 $f(x)\leq 2$일 때, 실수 k의 값은?

① -3 ② -1 ③ 1 ④ 3 ⑤ 5

해결 전략

Step ❶ 도함수를 이용하여 함수 $f(x)$가 극값을 갖는 x좌표 구하기

Step ❷ 극댓값과 극솟값의 차가 $\frac{27}{2}$임을 이용하여 k의 값 구하기

Step ❸ $x\geq 0$에서 $f(x)\leq 2$를 만족시키는 k의 값 구하기

147

삼차함수 $f(x)=x^3+ax^2+b$와 실수 t에 대하여 곡선 $y=f(x)$ 위의 점 $(t, f(t))$에서의 접선이 y축과 만나는 점을 P라 하자. 원점에서 점 P까지의 거리를 $g(t)$라 할 때, 함수 $f(x)$와 함수 $g(t)$는 다음 조건을 만족시킨다.

(가) $f(1)=-3$
(나) 함수 $g(t)$는 서로 다른 세 점에서 미분가능하지 않다.

실수 a의 값의 범위가 $\alpha<a<\beta$일 때, $\alpha+\beta$의 값은? (단, b는 상수이다.)

① -9 ② -7 ③ -5 ④ -3 ⑤ -1

해결 전략

Step ❶ 함수 $y=f(x)$의 그래프 위의 점 $(t, f(t))$에서의 접선의 방정식 구하기

Step ❷ 함수 $y=g(t)$의 그래프의 개형 그리기

Step ❸ 함수 $g(t)$가 서로 다른 세 점에서 미분가능하지 않도록 하는 a의 값의 범위 구하기

Ⅲ

다항함수의 적분법

수능 출제 포커스

- 정적분의 성질을 이용하는 간단한 계산 문제가 출제될 수 있으므로 계산 과정에서 실수하지 않도록 부정적분이나 정적분의 성질을 정확히 알아두어야 하고, 함수의 대칭성이나 주기성 등 함수의 특수한 성질에 대해서도 정리해 두어야 한다.
- 정적분으로 표현된 함수의 미분을 이용하거나 극한값을 구하는 문제가 출제될 수 있으므로 적분과 미분에 관련된 여러 유형의 문제를 많이 연습해 두어야 한다.
- 곡선과 좌표축으로 둘러싸인 부분의 넓이 또는 두 곡선으로 둘러싸인 부분의 넓이를 구하는 문제가 출제될 수 있으므로 주어진 조건을 이용하여 함수의 그래프를 정확히 그리고, 그래프에서 넓이를 구하고자 하는 부분을 정확히 파악할 수 있어야 한다.

기출 및 핵심 예상 문제수

기출문제	수능 대비 예상 문제	등급 업 문제	합계
14	43	10	67

III 다항함수의 적분법

1 부정적분

(1) 부정적분의 정의

함수 $f(x)$에 대하여 도함수가 $f(x)$인 함수 $F(x)$, 즉 $F'(x)=f(x)$인 $F(x)$를 $f(x)$의 부정적분이라 한다.

(2) 부정적분과 적분상수

$F'(x)=f(x)$일 때

$$\int f(x)\,dx=F(x)+C \text{ (단, } C\text{는 적분상수)}$$

(3) 함수 $y=x^n$의 부정적분

n이 음이 아닌 정수일 때

$$\int x^n\,dx=\frac{1}{n+1}x^{n+1}+C \text{ (단, } C\text{는 적분상수)}$$

(4) 함수의 실수배, 합, 차의 부정적분

두 함수 $f(x)$, $g(x)$가 부정적분을 가질 때

① $\displaystyle\int kf(x)\,dx=k\int f(x)\,dx$ (단, k는 0이 아닌 실수)

② $\displaystyle\int \{f(x)+g(x)\}\,dx=\int f(x)\,dx+\int g(x)\,dx$

③ $\displaystyle\int \{f(x)-g(x)\}\,dx=\int f(x)\,dx-\int g(x)\,dx$

2 정적분

(1) 정적분의 정의

닫힌구간 $[a, b]$에서 연속인 함수 $f(x)$의 한 부정적분을 $F(x)$라 하면

$$\int_a^b f(x)\,dx=\Big[F(x)\Big]_a^b=F(b)-F(a)$$

특히 $\displaystyle\int_a^a f(x)\,dx=0,\ \int_a^b f(x)\,dx=-\int_b^a f(x)\,dx$

(2) 함수의 실수배, 합, 차의 정적분

두 함수 $f(x)$, $g(x)$가 닫힌구간 $[a, b]$에서 연속일 때

① $\displaystyle\int_a^b kf(x)\,dx=k\int_a^b f(x)\,dx$ (단, k는 0이 아닌 실수)

② $\displaystyle\int_a^b \{f(x)+g(x)\}\,dx=\int_a^b f(x)\,dx+\int_a^b g(x)\,dx$

③ $\displaystyle\int_a^b \{f(x)-g(x)\}\,dx=\int_a^b f(x)\,dx-\int_a^b g(x)\,dx$

(3) 나누어진 구간에서의 정적분

함수 $f(x)$가 세 실수 a, b, c를 포함하는 구간에서 연속일 때

$$\int_a^c f(x)\,dx+\int_c^b f(x)\,dx=\int_a^b f(x)\,dx$$

참고 다항함수 $f(x)$가 모든 실수 x에 대하여

① $f(-x)=f(x)$를 만족시키면 $\displaystyle\int_{-a}^a f(x)\,dx=2\int_0^a f(x)\,dx$

② $f(-x)=-f(x)$를 만족시키면 $\displaystyle\int_{-a}^a f(x)\,dx=0$

(4) 정적분으로 정의된 함수의 미분

함수 $f(x)$가 닫힌구간 $[a, b]$에서 연속일 때

$$\frac{d}{dx}\int_a^x f(t)\,dt=f(x) \text{ (단, } a<x<b)$$

3 넓이

(1) 정적분의 기하적 의미

함수 $f(x)$가 닫힌구간 $[a, b]$에서 연속이고 $f(x)\geq 0$일 때,

정적분 $\displaystyle\int_a^b f(x)\,dx$는 곡선 $y=f(x)$와 x축 및 두 직선 $x=a$, $x=b$로 둘러싸인 부분의 넓이와 같다.

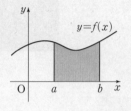

(2) 곡선과 x축 사이의 넓이

함수 $f(x)$가 닫힌구간 $[a, b]$에서 연속일 때, 곡선 $y=f(x)$와 x축 및 두 직선 $x=a$, $x=b$로 둘러싸인 부분의 넓이 S는

$$S=\int_a^b |f(x)|\,dx$$

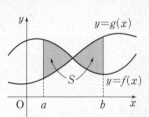

(3) 두 곡선 사이의 넓이

두 함수 $f(x)$, $g(x)$가 닫힌구간 $[a, b]$에서 연속일 때, 두 곡선 $y=f(x)$, $y=g(x)$와 두 직선 $x=a$, $x=b$로 둘러싸인 부분의 넓이 S는

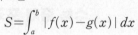

$$S=\int_a^b |f(x)-g(x)|\,dx$$

4 속도와 거리

수직선 위를 움직이는 점 P의 시각 t에서의 속도를 $v(t)$, 시각 $t=a$에서의 위치를 x_0이라 하면

(1) 시각 t에서의 점 P의 위치 x는

$$x=x_0+\int_a^t v(t)\,dt$$

(2) 시각 $t=a$에서 $t=b$까지 점 P의 위치의 변화량은

$$\int_a^b v(t)\,dt$$

(3) 시각 $t=a$에서 $t=b$까지 점 P가 움직인 거리 s는

$$s=\int_a^b |v(t)|\,dt$$

148

2024학년도 수능

다항함수 $f(x)$가
$$f'(x)=3x(x-2),\ f(1)=6$$
을 만족시킬 때, $f(2)$의 값은?

① 1   ② 2   ③ 3

④ 4   ⑤ 5

149

2020학년도 평가원 9월

$\displaystyle\int_0^2 (3x^2+6x)\,dx$의 값은?

① 20   ② 22   ③ 24

④ 26   ⑤ 28

150

2018학년도 수능

$\displaystyle\int_0^a (3x^2-4)\,dx=0$을 만족시키는 양수 a의 값은?

① 2   ② $\dfrac{9}{4}$ ③ $\dfrac{5}{2}$

④ $\dfrac{11}{4}$ ⑤ 3

151

2022년 시행 교육청 3월

$\displaystyle\int_2^{-2} (x^3+3x^2)\,dx$의 값은?

① -16 ② -8 ③ 0

④ 8   ⑤ 16

152

2018학년도 평가원 9월

함수 $f(x)=\displaystyle\int_1^x (t-2)(t-3)\,dt$에 대하여 $f'(4)$의 값은?

① 1   ② 2   ③ 3

④ 4   ⑤ 5

153

2022학년도 평가원 6월

곡선 $y=3x^2-x$와 직선 $y=5x$로 둘러싸인 부분의 넓이는?

① 1   ② 2   ③ 3

④ 4   ⑤ 5

154

2017학년도 수능

수직선 위를 움직이는 점 P의 시각 t $(t\geq0)$에서의 속도 $v(t)$가
$$v(t)=-2t+4$$
이다. $t=0$부터 $t=4$까지 점 P가 움직인 거리는?

① 8   ② 9   ③ 10

④ 11   ⑤ 12

유형 ① 부정적분

유형 및 경향 분석

부정적분의 정의를 이용하여 다항함수 $f(x)$에서 함숫값을 구하는 문제가 출제된다. 부정적분은 정적분을 계산하는 기초가 되는 내용이므로 부정적분과 그 성질에 대하여 확실히 알아야 한다.

📖 실전 가이드

(1) n이 음이 아닌 정수일 때

$$\int x^n \, dx = \frac{1}{n+1} x^{n+1} + C \quad \text{(단, } C\text{는 적분상수)}$$

(2) 두 함수 $f(x)$, $g(x)$가 부정적분을 가질 때

① $\int kf(x) \, dx = k \int f(x) \, dx$ (단, k는 0이 아닌 상수)

② $\int \{f(x) + g(x)\} \, dx = \int f(x) \, dx + \int g(x) \, dx$

③ $\int \{f(x) - g(x)\} \, dx = \int f(x) \, dx - \int g(x) \, dx$

155 | 대표 유형 | 2024학년도 평가원 9월

함수 $f(x)$가

$$f'(x) = 6x^2 - 2f(1)x, \quad f(0) = 4$$

를 만족시킬 때, $f(2)$의 값은?

① 5   ② 6   ③ 7

④ 8   ⑤ 9

156

원점을 지나는 곡선 $y = f(x)$ 위의 임의의 점 $(t, f(t))$에서의 접선의 기울기가 $2t - 3$일 때, $f(1)$의 값은?

① -2 ② -1 ③ 0

④ 1   ⑤ 2

157

다항함수 $f(x)$가

$$f'(x) = 6x^2 + 2x - 1, \quad f(1) = 0$$

을 만족시킬 때, $f(2)$의 값을 구하시오.

158

두 다항함수 $f(x)$, $g(x)$가
$$f'(x)-g'(x)=3x^2+6x-4,\ f(1)-g(1)=2$$
를 만족시킨다. $f(2)=20$일 때, $g(2)$의 값은?

① 6　　　　　② 7　　　　　③ 8

④ 9　　　　　⑤ 10

159

실수 전체의 집합에서 미분가능한 함수 $f(x)$의 도함수 $f'(x)$가
$$f'(x)=\begin{cases} 2x+2 & (x<1) \\ 4x & (x\geq 1) \end{cases}$$
이고 $f(0)=1$일 때, $f(2)+f(-2)$의 값은?

① 11　　　　　② 12　　　　　③ 13

④ 14　　　　　⑤ 15

160

다항함수 $f(x)$가 다음 조건을 만족시킨다.

> (가) $f'(x)=6x^2+6x-12$
> (나) 함수 $f(x)$의 극솟값은 -15이다.

함수 $f(x)$의 극댓값은?

① 10　　　　　② 12　　　　　③ 14

④ 16　　　　　⑤ 18

유형 **2** 정적분의 계산

유형 및 경향 분석

정적분의 정의와 성질을 이용하여 조건을 만족시키는 다항함수 $f(x)$의 정적분의 값을 구하는 문제가 출제된다. 절댓값 기호가 포함된 함수의 식이 나오면 구간을 나누는 것을 잊지 않도록 주의해야 한다.

📑 실전 가이드

(1) 구간에 따라 함수의 식이 다른 경우에는 구간을 나누어 정적분의 값을 구한다.

연속함수 $f(x) = \begin{cases} g(x) & (a \leq x \leq b) \\ h(x) & (b < x \leq c) \end{cases}$ 에 대하여

$$\int_a^c f(x)\,dx = \int_a^b g(x)\,dx + \int_b^c h(x)\,dx$$

(2) 절댓값 기호가 포함된 함수는 절댓값 기호 안의 식의 값이 0이 되게 하는 x의 값을 경계로 구간을 나누어 정적분의 값을 구한다.

161 | 대표 유형 | 2019학년도 수능

$\displaystyle\int_1^4 (x + |x-3|)\,dx$의 값을 구하시오.

162

$\displaystyle\int_1^2 (x^3 - ax)\,dx = 3$일 때, 상수 a의 값은?

① $\dfrac{1}{2}$ ② 1 ③ $\dfrac{3}{2}$

④ 2 ⑤ $\dfrac{5}{2}$

163

$\displaystyle\int_0^2 \dfrac{x^3}{x+1}\,dx + \int_0^2 \dfrac{1}{t+1}\,dt$의 값은?

① 2 ② $\dfrac{8}{3}$ ③ $\dfrac{10}{3}$

④ 4 ⑤ $\dfrac{14}{3}$

164

$\displaystyle\int_0^2 x^2|x-1|\,dx$의 값은?

① 1   ② $\dfrac{3}{2}$ ③ 2

④ $\dfrac{5}{2}$ ⑤ 3

165

다항함수 $f(x)$가

$$\int_0^2 f(x)\,dx=5,\ \int_4^2 f(x)\,dx=-3,\ \int_1^4 f(x)\,dx=6$$

을 만족시킬 때, $\displaystyle\int_0^1 f(x)\,dx$의 값은?

① 1   ② 2   ③ 3

④ 4   ⑤ 5

166

실수 전체의 집합에서 미분가능한 함수 $f(x)$가 다음 조건을 만족시킨다.

(가) 모든 실수 x에 대하여 $f'(x)>0$이다.

(나) $f(3)=0$, $\displaystyle\int_0^3 |f(x)|\,dx=2$, $\displaystyle\int_3^6 |f(x)|\,dx=15$

$\displaystyle\int_0^6 f(x)\,dx$의 값은?

① -17 ② -13 ③ 0

④ 13   ⑤ 17

유형 3 특수한 성질을 갖는 함수의 정적분

유형 및 경향 분석

정적분의 성질을 이용하여 대칭성이 있는 함수 $f(x)$ 또는 주기함수 $f(x)$의 정적분을 구하는 문제가 출제된다. 이러한 성질을 이용하면 일일이 복잡하게 계산하지 않아도 쉽게 정적분의 값을 구할 수 있다.

실전 가이드

(1) 우함수와 기함수

① 우함수: $f(-x)=f(x)$이면 $\displaystyle\int_{-a}^{a} f(x)\,dx = 2\int_{0}^{a} f(x)\,dx$

② 기함수: $f(-x)=-f(x)$이면 $\displaystyle\int_{-a}^{a} f(x)\,dx = 0$

(2) 주기함수와 정적분

$f(x+p)=f(x)$ (p는 등식을 만족시키는 최소의 양수)이면 함수 $f(x)$는 주기가 p인 주기함수이므로

$$\int_{a}^{b} f(x)\,dx = \int_{a+p}^{b+p} f(x)\,dx = \int_{a+2p}^{b+2p} f(x)\,dx = \cdots$$

167 | 대표 유형 | 2022년 시행 교육청 3월

$\displaystyle\int_{-3}^{2}(2x^3+6|x|)\,dx - \int_{-3}^{-2}(2x^3-6x)\,dx$의 값을 구하시오.

168

양의 실수 a에 대하여

$$\int_{-a}^{a}(x^3-4x+4)\,dx=24$$

일 때, a의 값은?

① 1   ② 2   ③ 3

④ 4   ⑤ 5

169

등식

$$\int_{-2}^{2}(ax^2+x)\,dx = \int_{-2}^{2}(x^2-3x)\,dx+4$$

를 만족시키는 상수 a의 값은?

① $\dfrac{3}{4}$ ② 1   ③ $\dfrac{5}{4}$

④ $\dfrac{3}{2}$ ⑤ $\dfrac{7}{4}$

170

연속함수 $f(x)$가 모든 실수 x에 대하여 $f(x+4)=f(x)$를 만족시킨다. $\int_0^4 f(x)\,dx=4$일 때, $\int_{-6}^6 f(x)\,dx$의 값은?

① 0   ② 4   ③ 8

④ 12   ⑤ 16

171

다항함수 $f(x)$가 임의의 실수 x에 대하여 $f(-x)=f(x)$를 만족시키고 $\int_0^3 f(x)\,dx=6$일 때, $\int_{-3}^3 (x+2)f(x)\,dx$의 값은?

① 12   ② 15   ③ 18

④ 21   ⑤ 24

172

이차방정식 $8x^2+ax+b=0$의 한 근이 2이고 등식
$$\int_{2-h}^{2+h} (8x^2+ax+b)\,dx=18$$
이 성립한다. 실수 h의 값은? (단, a, b는 상수이다.)

① $\dfrac{1}{3}$ ② $\dfrac{1}{2}$ ③ $\dfrac{2}{3}$

④ 1   ⑤ $\dfrac{3}{2}$

173

두 다항함수 $f(x)$, $g(x)$가 모든 실수 x에 대하여

$$\int_0^x f(t)\,dt = \int_{-x}^0 g(t)\,dt$$

를 만족시킨다. $f(x)+g(x)=x^2-a$이고 $\int_{-2}^2 f(x)\,dx = \dfrac{1}{3}$

일 때, 상수 a의 값은?

① $\dfrac{5}{4}$ ② $\dfrac{6}{5}$ ③ $\dfrac{7}{6}$

④ $\dfrac{8}{7}$ ⑤ $\dfrac{9}{8}$

174

다항함수 $f(x)$가 다음 조건을 만족시킨다.

> (가) 모든 실수 x에 대하여 $f(x)+f(-x)=0$이다.
> (나) $\int_{-2}^1 f(x)\,dx = 3$, $\int_{-1}^4 f(x)\,dx = 8$

$\int_2^4 f(x)\,dx$의 값은?

① 9   ② 11   ③ 13

④ 15   ⑤ 17

유형 ④ 정적분으로 정의된 함수

유형 및 경향 분석

정적분으로 정의된 함수를 이용하여 함수의 식 또는 함숫값을 구하는 문제가 출제된다. 주로 양변을 미분하거나 미분계수의 정의를 이용하여 문제를 해결한다.

실전 가이드

(1) $\int_a^x f(t)\,dt = g(x)$ 꼴로 정의된 함수는

양변을 x에 대하여 미분하여 $f(x)=g'(x)$임을 이용한다.

(2) $f(x)=g(x)+\int_a^b f(t)\,dt$ 꼴로 정의된 함수는

$\int_a^b f(t)\,dt = k$ (k는 상수)라 하면 $f(x)=g(x)+k$이므로

$\int_a^b \{g(t)+k\}\,dt = k$에서 k의 값을 구한다.

175 | 대표 유형 |

2023년 시행 교육청 3월

다항함수 $f(x)$가 모든 실수 x에 대하여

$$\int_1^x f(t)\,dt = x^3 - ax + 1$$

을 만족시킬 때, $f(2)$의 값은? (단, a는 상수이다.)

① 8   ② 10   ③ 12

④ 14   ⑤ 16

176

다항함수 $f(x)$가

$$f(x) = \int_0^x (3at^2 - 2at - 1)\,dt$$

를 만족시키고 $f'(2) = 15$일 때, 상수 a의 값은?

① 1   ② 2   ③ 3

④ 4   ⑤ 5

177

함수 $f(x) = \int_1^x 2x(t-2)\,dt$에 대하여 $f'(3)$의 값은?

① 6   ② 7   ③ 8

④ 9   ⑤ 10

178

다항함수 $f(x)$가

$$\int_0^x f(t)\,dt = xf(x) - 4x^3 - 2x^2$$

을 만족시키고 $f(1) = 5$일 때, $f(-1)$의 값은?

① -9 ② -7 ③ -5

④ -3 ⑤ -1

179

상수함수가 아닌 다항함수 $f(x)$가

$$\int_0^x \{f'(t)\}^2 dt = 4f(x) - 4$$

를 만족시킬 때, $\int_0^1 f(x)\,dx$의 값은?

① 1   ② 2   ③ 3

④ 4   ⑤ 5

180

이차함수 $f(x)$가 모든 실수 x에 대하여

$$\int_{-1}^x f(x)\,dx = f(x) + x^3 + a$$

를 만족시킬 때, 상수 a의 값은?

① -1 ② -2 ③ -3

④ -4 ⑤ -5

181

함수 $f(x) = \int_0^x (2t^2 + t - 1)\,dt$의 극댓값을 M, 극솟값을 m이라 할 때, $M + m$의 값은?

① $\dfrac{11}{24}$ ② $\dfrac{1}{2}$ ③ $\dfrac{13}{24}$

④ $\dfrac{7}{12}$ ⑤ $\dfrac{5}{8}$

182

두 함수 $f(x)$, $g(x)$가 모든 실수 x에 대하여

$$f(x)=2x+1+\int_0^1 g(t)\,dt,$$

$$g(x)=4x-3+2\int_0^1 f(t)\,dt$$

를 만족시킬 때, $f(2)+g(2)$의 값은?

① 1   ② 2   ③ 3

④ 4   ⑤ 5

183

다항함수 $f(x)$가 모든 실수 x에 대하여

$$\int_{-1}^x (x-t)f(t)\,dt=x^3+ax+b$$

를 만족시킬 때, $f(a)+f(b)$의 값은? (단, a, b는 상수이다.)

① -30 ② -27 ③ -24

④ -21 ⑤ -18

184

다항함수 $f(x)$가 모든 실수 x에 대하여

$$\int_0^x (x-t)f(t)\,dt=2x^3+\frac{3}{4}x^2\int_0^2 f(t)\,dt$$

를 만족시킬 때, $f(5)$의 값은?

① 42   ② 44   ③ 46

④ 48   ⑤ 50

185

다항함수 $f(x)$에 대하여 $xf(x)+x^3+\int_3^x f(t)\,dt$가 $(x-3)^2$ 으로 나누어떨어질 때, $f'(x)$를 $x-3$으로 나누었을 때의 나머지는?

① -3 ② 0 ③ 3
④ 6 ⑤ 9

유형 **5** 정적분으로 정의된 함수의 극한

유형 및 경향 분석

잘 출제되지는 않는 유형이지만 풀이 과정에서 이용되는 경우가 많으므로 원리를 잘 알아두면 이 원리를 이용하는 문제가 출제되었을 때 어렵지 않게 풀 수 있다.

실전 가이드

함수 $f(x)$의 한 부정적분을 $F(x)$라 할 때

(1) $\displaystyle\lim_{x\to a}\frac{1}{x-a}\int_a^x f(t)\,dt=\lim_{x\to a}\frac{F(x)-F(a)}{x-a}$

$\qquad\qquad\qquad\qquad\quad =F'(a)=f(a)$

(2) $\displaystyle\lim_{x\to a}\frac{1}{x}\int_a^{x+a} f(t)\,dt=\lim_{x\to 0}\frac{F(x+a)-F(a)}{x}$

$\qquad\qquad\qquad\qquad\quad =F'(a)=f(a)$

186 | 대표 유형 |

함수 $f(x)=x^2-3x+2$에 대하여 $\displaystyle\lim_{x\to -2}\frac{1}{x^2-4}\int_{-2}^x f(t)\,dt$ 의 값은?

① -3 ② -1 ③ 0
④ 1 ⑤ 3

187

함수 $f(x)=x^2+4x+7$에 대하여

$\displaystyle\lim_{x\to-1}\frac{1}{x+1}\int_{-1}^{x}\{tf(t)\}^2\,dt$의 값은?

① 1   ② 4   ③ 9

④ 16   ⑤ 25

188

함수 $f(x)=3x^3-x^2+4x+a$가

$$\lim_{x\to1}\frac{1}{x-1}\int_{1}^{x^3}tf(t)\,dt=27$$

을 만족시킬 때, 상수 a의 값은?

① -3 ② -2 ③ 2

④ 3   ⑤ 5

189

최고차항의 계수가 1인 이차함수 $f(x)$가

$$\int_{-1}^{1}xf(x)\,dx=0,\quad \int_{-2}^{2}x^2f(x)\,dx=\frac{32}{15}$$

를 만족시킬 때, $\displaystyle\lim_{x\to1}\frac{1}{x-1}\int_{1}^{x}f(t)\,dt$의 값은?

① -2 ② -1 ③ 1

④ 2   ⑤ 3

유형 6 곡선과 x축 사이의 넓이

유형 및 경향 분석

주어진 곡선과 x축으로 둘러싸인 부분의 넓이를 구하는 문제가 출제된다. 조건을 만족시키는 그래프를 실제로 그려 문제 상황을 추측해 보는 것이 문제를 해결하는 데 도움이 되므로 그래프를 그리는 연습을 충분히 해야 한다.

실전 가이드

(1) 함수 $f(x)$가 닫힌구간 $[a, b]$에서 연속일 때, 곡선 $y=f(x)$와 x축 및 두 직선 $x=a$, $x=b$ $(a<b)$로 둘러싸인 부분의 넓이 S는

$$S=\int_a^b |f(x)|\,dx$$

(2) 곡선 $y=f(x)$와 x축으로 둘러싸인 두 부분의 넓이를 각각 S_1, S_2라 할 때, $S_1=S_2$이면

$$\int_a^b f(x)\,dx=0$$

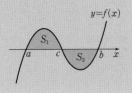

190 | 대표 유형 |

2023년 시행 교육청 3월

함수 $y=|x^2-2x|+1$의 그래프와 x축, y축 및 직선 $x=2$로 둘러싸인 부분의 넓이는?

① $\dfrac{8}{3}$ ② 3 ③ $\dfrac{10}{3}$

④ $\dfrac{11}{3}$ ⑤ 4

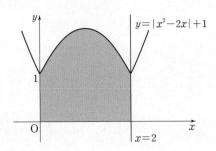

191

곡선 $y=x^2-ax$와 x축으로 둘러싸인 부분의 넓이가 36일 때, 양수 a의 값은?

① 5 ② $\dfrac{11}{2}$ ③ 6

④ $\dfrac{13}{2}$ ⑤ 7

192

그림과 같이 이차함수 $y=x^2-6x+k$의 그래프와 x축 및 y축으로 둘러싸인 두 부분 A, B의 넓이의 비가 $1:2$일 때, 상수 k의 값을 구하시오.

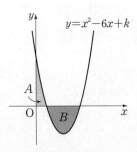

193

삼차함수 $f(x)=x(x-a)(x-a-1)$의 그래프와 x축으로 둘러싸인 두 부분의 넓이가 같아지도록 하는 양수 a의 값은?

① $\dfrac{1}{2}$ ② 1   ③ $\dfrac{3}{2}$

④ 2   ⑤ $\dfrac{5}{2}$

194

삼차함수 $f(x)$에 대하여 $y=f'(x)$의 그래프가 그림과 같은 포물선이다. $f(0)=0$, $f(3)=-27$일 때, 곡선 $y=f(x)$와 x축으로 둘러싸인 부분의 넓이를 구하시오.

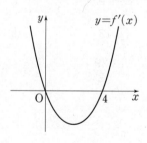

195

좌표평면에 네 점 $A(-1, -1)$, $B(1, -1)$, $C(1, 1)$, $D(-1, 1)$이 있다.

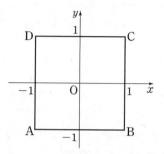

함수 $f(x)=\dfrac{1}{4}x^3+ax^2+\dfrac{1}{12}x$에 대하여 닫힌구간 $[-1, 1]$에서 곡선 $y=f(x)$가 정사각형 ABCD의 넓이를 이등분할 때, 함수 $y=f(x)$의 그래프와 x축 직선 $x=1$로 둘러싸인 부분은?

(단, 닫힌구간 $[-1, 1]$에서 $|f(x)|<1$이다.)

① $\dfrac{1}{16}$ ② $\dfrac{1}{12}$ ③ $\dfrac{5}{48}$

④ $\dfrac{1}{8}$ ⑤ $\dfrac{7}{48}$

유형 7 두 곡선 사이의 넓이

유형 및 경향 분석

두 곡선으로 둘러싸인 부분의 넓이를 정적분을 이용하여 구하는 문제가 출제된다. 두 곡선을 좌표평면에 그려 위쪽, 아래쪽에 있는 곡선을 확인하고 두 곡선의 교점의 좌표를 구하여 두 곡선으로 둘러싸인 부분의 넓이를 구하는 연습을 해야 한다.

실전 가이드

(1) 두 함수 $f(x)$, $g(x)$가 닫힌구간 $[a, b]$에서 연속일 때, 두 곡선 $y=f(x)$, $y=g(x)$와 두 직선 $x=a$, $x=b$ $(a<b)$로 둘러싸인 부분의 넓이 S는

$$S=\int_a^b |f(x)-g(x)|\,dx$$

(2) 두 곡선 $y=f(x)$, $y=g(x)$로 둘러싸인 두 부분의 넓이를 각각 S_1, S_2라 할 때, $S_1=S_2$이면

$$\int_a^b \{f(x)-g(x)\}\,dx=0$$

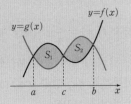

196 | 대표 유형 | 2024학년도 평가원 9월

두 곡선 $y=3x^3-7x^2$과 $y=-x^2$으로 둘러싸인 부분의 넓이를 구하시오.

197

두 곡선 $y=x^2-5x-6$, $y=-x^2+3x+4$로 둘러싸인 부분의 넓이는?

① 72 　　② 76 　　③ 80

④ 84 　　⑤ 88

198

곡선 $y=2x^3-6x^2+10$과 이 곡선 위의 점 $(2, 2)$에서의 접선으로 둘러싸인 부분의 넓이는?

① $\dfrac{25}{2}$ 　　② 13 　　③ $\dfrac{27}{2}$

④ 14 　　⑤ $\dfrac{29}{2}$

199

삼차함수 $y=\dfrac{1}{2}x^3-2x^2+3x$의 그래프와 그 역함수의 그래프로 둘러싸인 부분의 넓이를 S라 할 때, $60S$의 값을 구하시오.

200

그림과 같이 곡선 $y=-x^2+3x$와 x축으로 둘러싸인 도형이 직선 $y=x$에 의하여 나누어지는 두 부분 중 위쪽 도형의 넓이를 S_1, 아래쪽 도형의 넓이를 S_2라 하자. $\dfrac{S_2}{S_1}=\dfrac{q}{p}$일 때, $p+q$의 값을 구하시오. (단, p와 q는 서로소인 자연수이다.)

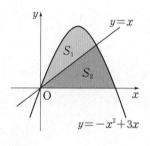

유형 **8** 속도와 거리

유형 및 경향 분석

수직선 위를 움직이는 점의 시각에서의 속도에 대한 식이나 그래프가 주어질 때, 정적분을 이용하여 위치, 변화량, 움직인 거리를 구하는 문제가 출제된다.

📑 실전 가이드

수직선 위를 움직이는 점 P의 시각 t에서의 속도 $v(t)$의 그래프가 오른쪽 그림과 같을 때, 색칠한 두 부분의 넓이를 각각 A, B라 하면

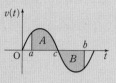

(1) 시각 $t=a$부터 $t=b$까지 점 P의 위치의 변화량은

$$\int_a^b v(t)\,dt=\int_a^c v(t)\,dt+\int_c^b v(t)\,dt=A-B$$

(2) 시각 $t=a$부터 $t=b$까지 점 P가 움직인 거리는

$$\int_a^b |v(t)|\,dt=\int_a^c v(t)\,dt-\int_c^b v(t)\,dt=A+B$$

201 | 대표 유형 |

2021학년도 평가원 9월

수직선 위를 움직이는 점 P의 시각 t $(t \ge 0)$에서의 속도 $v(t)$가

$$v(t)=t^2-at \ (a>0)$$

이다. 점 P가 시각 $t=0$일 때부터 움직이는 방향이 바뀔 때까지 움직인 거리가 $\dfrac{9}{2}$이다. 상수 a의 값은?

① 1   ② 2   ③ 3

④ 4   ⑤ 5

202

원점을 출발하여 수직선 위를 움직이는 점 P의 시각 t $(t \geq 0)$에서의 속도 $v(t)$가

$$v(t) = 12t - 3t^2$$

일 때, 점 P가 시각 $t=2$에서 $t=5$까지 움직인 거리를 구하시오.

203

수직선 위를 움직이는 점 P의 시각 t $(t \geq 0)$에서의 속도 $v(t)$가

$$v(t) = 3t^2 + t + a$$

이다. 시각 $t=0$에서 $t=2a$까지 점 P의 위치의 변화량이 $60a$일 때, 양수 a의 값은?

① $\dfrac{5}{2}$ ② 3 ③ $\dfrac{7}{2}$

④ 4 ⑤ $\dfrac{9}{2}$

204

원점을 출발하여 수직선 위를 움직이는 점 P의 시각 t초 $(t \geq 0)$에서의 속도 $v(t)$가

$$v(t) = at(t-4)$$

이다. 점 P가 다시 원점으로 돌아오는 시각은 출발한 지 몇 초 후인가? (단, a는 상수이다.)

① 4초   ② 5초   ③ 6초

④ 7초   ⑤ 8초

205

다항함수 $f(x)$가 모든 실수 x에 대하여

$$4x^3 - 2f(x) = 2x + f(-x)$$

를 만족시킬 때, $\displaystyle\int_0^2 f(x)\,dx$의 값은?

① 11　　　② 12　　　③ 13　　　④ 14　　　⑤ 15

해결 전략

Step ❶ 주어진 식의 양변에 x 대신 $-x$ 를 대입한 새로운 식 구하기

Step ❷ 주어진 식과 **Step ❶**에서 구한 식을 이용하여 함수 $f(x)$의 식 구하기

206

이차함수 $f(x) = (x-a)^2$ $(0 < a < 2)$에 대하여 그림과 같이 곡선 $y = f(x)$와 직선 $y = 4$ 및 y축으로 둘러싸인 부분의 넓이를 S_1, 곡선 $y = f(x)$와 x축 및 y축으로 둘러싸인 부분의 넓이를 S_2라 하자. $S_1 = S_2$일 때, $30a$의 값을 구하시오.

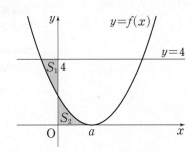

해결 전략

Step ❶ 곡선 $y = f(x)$와 직선 $y = 4$의 교점의 x좌표 구하기

Step ❷ 곡선 $y = f(x)$와 x축, y축 및 직선 $x = a - 2$로 둘러싸인 부분의 넓이를 S_3이라 하고, $S_1 = S_2$임을 이용하여 관계식 세우기

Step ❸ 상수 a의 값 구하기

207

함수 $f(x)=x^3+ax^2+bx-5$가 다음 조건을 만족시킬 때, $a+b$의 값은?

(단, a, b는 상수이다.)

> (가) $\displaystyle\int_{-2}^{2} f(x)\,dx=12$
>
> (나) $\displaystyle\lim_{h\to 0}\frac{1}{h}\int_{-h-1}^{3h-1} f(x)\,dx=-20$

① 8   ② 9   ③ 10   ④ 11   ⑤ 12

해결 전략

Step ❶ 조건 (가)를 이용하여 상수 a의 값 구하기

Step ❷ 조건 (나)를 이용하여 $f(-1)$의 값 구하기

Step ❸ $f(-1)$의 값을 이용하여 상수 b의 값 구하기

208

세 함수 $f(x)$, $g(x)$, $h(x)$에 대하여 $f'(x)=g(x)$, $g'(x)=h(x)$이고, $g(x)=x^3+3x^2-9x+a$이다. 두 다항식 $f(x)$, $h(x)$에 대하여 $f(x)$가 $h(x)$로 나누어 떨어질 때, $4f(0)+g(0)$의 값은? (단, a는 상수이다.)

① 40   ② 42   ③ 44   ④ 46   ⑤ 48

해결 전략

Step ❶ $f'(x)=g(x)$임을 이용하여 함수 $f(x)$의 식 구하기

Step ❷ $g'(x)=h(x)$임을 이용하여 함수 $h(x)$의 식 구하기

Step ❸ 다항식 $f(x)$가 $h(x)$로 나누어 떨어짐을 이용하여 상수 a의 값 구하기

209

두 함수 $f(x)=x^2-1$, $g(x)=4x+4$에 대하여 곡선 $y=f(x)$와 직선 $y=g(x)$로 둘러싸인 부분의 넓이를 직선 $x=k$가 이등분할 때, $k+\displaystyle\int_{-1}^{k}\{g(x)-f(x)\}\,dx$의 값은?

(단, k는 상수이다.)

① 19 ② 20 ③ 21 ④ 22 ⑤ 23

해결 전략

Step ❶ 곡선과 직선의 교점의 x좌표 구하기

Step ❷ 곡선 $y=f(x)$와 직선 $y=g(x)$로 둘러싸인 넓이 구하기

Step ❸ Step ❷에서 구한 넓이를 이등분하는 k의 값 구하기

210

함수

$$f(x)=(x+a)\int(2x+1)\,dx$$

에 대하여 $\displaystyle\lim_{x\to 1}\frac{f(x)-8}{x^2-1}=7$일 때, $f(2)$의 값을 구하시오. (단, $a>0$)

해결 전략

Step ❶ 부정적분의 정의를 이용하여 함수 $f(x)$의 식 세우기

Step ❷ $\displaystyle\lim_{x\to 1}\frac{f(x)-8}{x^2-1}=7$임을 이용하여 상수 a의 값 구하기

Step ❸ 함수 $f(x)$의 식 구하기

211

수직선 위를 움직이는 두 점 P, Q의 시각 t $(t \geq 0)$에서의 속도를 각각 v_P, v_Q라 하면

$$v_P = 2t - 4, \quad v_Q = 3t^2 - 12$$

이다. $t=0$일 때 점 P의 위치는 p이고 점 Q의 위치는 원점이다. 두 점 P, Q 사이의 거리의 최솟값이 4일 때, 상수 p에 대하여 p^2의 값을 구하시오.

해결 전략

Step ① 두 점 P, Q의 시각 t에서의 위치를 각각 구하기

Step ② 두 점 P, Q 사이의 거리를 t에 대한 식으로 나타내기

Step ③ 두 점 P, Q 사이의 거리가 최소일 때의 시각 구하기

212

두 함수 $f(x) = x^3 - 2x^2 + 5x$, $g(x) = x^4 - x^3 - 9$에 대하여

$$F(x) = \int_3^x (t-2)f(t)\,dt, \quad G(x) = \int_3^x xg(t)\,dt$$

라 할 때, |보기|에서 옳은 것만을 있는 대로 고른 것은?

┌ 보기 ├─────────────────────────

ㄱ. $F'(x) = 0$의 모든 실근의 합은 2이다.

ㄴ. $G'(3) = 135$

ㄷ. $\displaystyle\lim_{x \to 3} \frac{F(x)}{G(x)} = \frac{45}{8}$

└──────────────────────────────

① ㄱ   ② ㄱ, ㄴ   ③ ㄱ, ㄷ   ④ ㄴ, ㄷ   ⑤ ㄱ, ㄴ, ㄷ

해결 전략

Step ① $F'(x)$를 구한 후 인수분해를 이용하여 실근 구하기

Step ② $G'(x)$를 구한 후, $x=3$을 대입하여 $G'(3)$의 값 구하기

Step ③ $F(3)$, $G(3)$의 값을 이용하여 $\displaystyle\lim_{x \to 3} \frac{F(x)}{G(x)}$의 형태 변형하기

213

두 상수 a, b에 대하여 실수 전체의 집합에서 연속인 함수 $f(x)$에 대하여 등식

$$\int_a^x f(t)\,dt = x^2|x-a| - 3x + b$$

가 성립한다. 곡선 $y=f(x)$와 x축 및 y축으로 둘러싸인 부분의 넓이를 A라 할 때, $a+A$의 값은?

① $\dfrac{1}{2}$　　　② 1　　　③ $\dfrac{3}{2}$　　　④ 2　　　⑤ $\dfrac{5}{2}$

해결 전략

Step ❶ 함수 $f(x)$ 구하기

Step ❷ $f(x)$가 모든 실수에서 연속임을 이용하여 상수 a의 값 구하기

Step ❸ x축, y축, 곡선 $y=f(x)$로 둘러싸인 부분의 넓이를 구하는 정적분의 식 세우기

정답 및 해설 48쪽

214

최고차항의 계수가 양수인 삼차함수 $f(x)$에 대하여 함수 $g(x)$를

$$g(x) = \int_2^x (t-2)f'(t)\,dt$$

라 할 때, 함수 $g(x)$가 다음 조건을 만족시킨다.

(가) 함수 $g(x)$가 $x=0$에서 극솟값을 갖는다.

(나) 방정식 $g(x)=0$이 서로 다른 두 실근을 갖는다.

$g(0) < 0$일 때, $\left| \dfrac{g(3)}{g(0)} \right| = p$이다. $64p$의 값을 구하시오.

해결 전략

Step ❶ 두 조건 (가), (나)를 이용하여 함수 $y=g(x)$의 그래프의 개형 그리기

Step ❷ 함수 $g(x)$의 식 구하기

Step ❸ p의 값 구하기

메가스터디 N제

수학영역 수학 Ⅱ | 3점 공략

수능 완벽 대비 예상 문제집

정답 및 해설

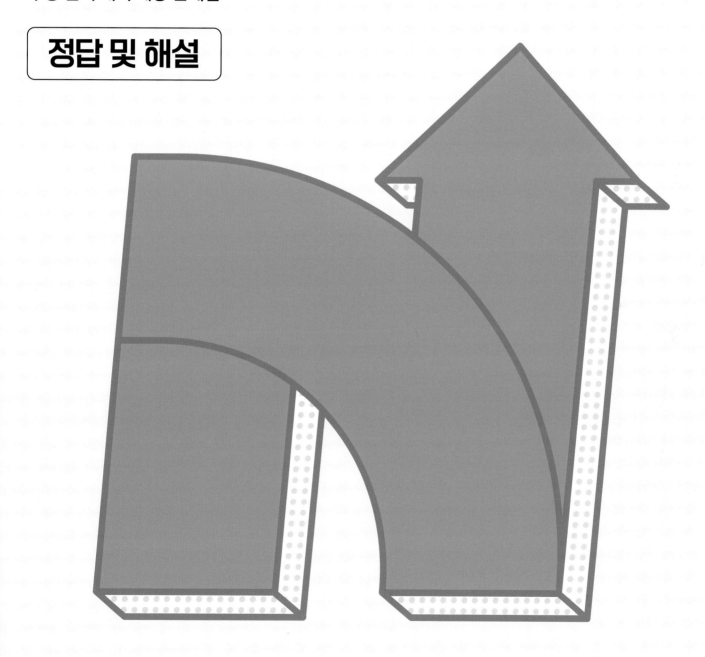

214제

메가스터디BOOKS

메가스터디 N제

수학영역 수학 Ⅱ | 3점 공략

214제

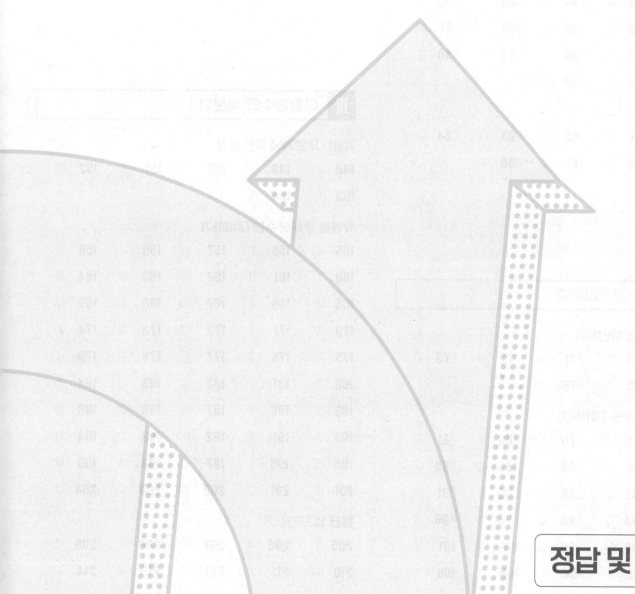

정답 및 해설

Ⅰ 함수의 극한과 연속

기출문제로 개념 확인하기

001	④	002	①	003	④	004	5	005	6
006	④								

유형별 문제로 수능 대비하기

007	①	008	④	009	③	010	⑤	011	②
012	5	013	5	014	①	015	①	016	⑤
017	①	018	12	019	30	020	19	021	④
022	④	023	①	024	①	025	④	026	⑤
027	①	028	⑤	029	①	030	②	031	④
032	28	033	④	034	②	035	①	036	④
037	6	038	6	039	④	040	④	041	2
042	②	043	⑤	044	④	045	⑤	046	④
047	①	048	④	049	⑤	050	5	051	④
052	②	053	16	054	④	055	③	056	③
057	④	058	③	059	①				

등급 업 도전하기

060	④	061	③	062	③	063	14	064	②
065	④	066	④	067	①	068	②		

Ⅱ 다항함수의 미분법

기출문제로 개념 확인하기

069	③	070	①	071	10	072	④	073	③
074	10	075	①	076	15				

유형별 문제로 수능 대비하기

077	⑤	078	④	079	2	080	②	081	①
082	②	083	④	084	④	085	②	086	②
087	④	088	②	089	③	090	④	091	②
092	④	093	②	094	④	095	④	096	①
097	②	098	④	099	②	100	④	101	④
102	④	103	②	104	6	105	②	106	④

107	④	108	③	109	③	110	⑤	111	①
112	③	113	72	114	①	115	③	116	28
117	26	118	②	119	②	120	④	121	②
122	⑤	123	27	124	③	125	②	126	②
127	②	128	②	129	⑤	130	11	131	②
132	②	133	8	134	②	135	④	136	②

등급 업 도전하기

137	59	138	①	139	24	140	①	141	③
142	③	143	③	144	⑤	145	100	146	②
147	②								

Ⅲ 다항함수의 적분법

기출문제로 개념 확인하기

148	④	149	①	150	①	151	①	152	②
153	④	154	①						

유형별 문제로 수능 대비하기

155	④	156	①	157	16	158	①	159	①
160	②	161	10	162	①	163	②	164	②
165	②	166	④	167	24	168	③	169	⑤
170	④	171	⑤	172	⑤	173	③	174	②
175	②	176	②	177	②	178	④	179	③
180	②	181	③	182	⑤	183	①	184	①
185	①	186	①	187	②	188	④	189	②
190	③	191	③	192	6	193	②	194	108
195	③	196	4	197	②	198	③	199	80
200	27	201	③	202	23	203	①	204	③

등급 업 도전하기

205	②	206	40	207	④	208	④	209	②
210	30	211	256	212	②	213	④	214	44

본문 07쪽

001 답 ④

$\lim\limits_{x \to -1-} f(x) = 3$, $\lim\limits_{x \to 2} f(x) = 1$이므로

$\lim\limits_{x \to -1-} f(x) + \lim\limits_{x \to 2} f(x) = 3 + 1 = 4$

002 답 ①

$\lim\limits_{x \to 2} \dfrac{3x^2 - 6x}{x - 2} = \lim\limits_{x \to 2} \dfrac{3x(x-2)}{x-2} = \lim\limits_{x \to 2} 3x = 6$

003 답 ④

$\lim\limits_{x \to \infty} \dfrac{\sqrt{x^2 - 2} + 3x}{x + 5} = \lim\limits_{x \to \infty} \dfrac{\sqrt{1 - \dfrac{2}{x^2}} + 3}{1 + \dfrac{5}{x}} = \dfrac{\sqrt{1-0} + 3}{1 + 0} = 4$

004 답 5

$\lim\limits_{x \to -1} \dfrac{x^2 + 4x + a}{x + 1} = b$ ...... ㉠

㉠에서 $x \to -1$일 때, (분모) $\to 0$이고 극한값이 존재하므로 (분자) $\to 0$이다.

$\lim\limits_{x \to -1} (x^2 + 4x + a) = 0$이므로

$1 - 4 + a = 0$ ∴ $a = 3$

㉠에서

$\lim\limits_{x \to -1} \dfrac{x^2 + 4x + a}{x + 1} = \lim\limits_{x \to -1} \dfrac{x^2 + 4x + 3}{x + 1}$

$= \lim\limits_{x \to -1} \dfrac{(x+3)(x+1)}{x + 1}$

$= \lim\limits_{x \to -1} (x + 3)$

$= -1 + 3$

$= 2 = b$

∴ $a + b = 3 + 2 = 5$

005 답 6

함수 $f(x)$가 $x = 2$에서 연속이므로

$\lim\limits_{x \to 2-} f(x) = \lim\limits_{x \to 2+} f(x) = f(2)$

즉, $a + 2 = 3a - 2 = f(2)$이므로

$a + 2 = 3a - 2$에서 $a = 2$

따라서 $f(2) = a + 2 = 2 + 2 = 4$이므로

$a + f(2) = 2 + 4 = 6$

💡 플러스 특강

함수의 연속

함수 $y = f(x)$가 $x = a$에서 연속이다.

$\iff \lim\limits_{x \to a-} f(x) = \lim\limits_{x \to a+} f(x) = f(a)$

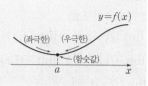

006 답 ④

함수 $f(x)$가 실수 전체의 집합에서 연속이므로 $x = -1$에서 연속이다.

즉, $\lim\limits_{x \to -1-} f(x) = \lim\limits_{x \to -1+} f(x) = f(-1)$이다.

$\lim\limits_{x \to -1-} f(x) = \lim\limits_{x \to -1-} (2x + a) = -2 + a$,

$\lim\limits_{x \to -1+} f(x) = \lim\limits_{x \to -1+} (x^2 - 5x - a) = 6 - a$,

$f(-1) = -2 + a$

이므로 $-2 + a = 6 - a$

$2a = 8$ ∴ $a = 4$

본문 08~26쪽

007 답 ①

$\lim\limits_{x \to -2+} f(x) = -2$, $\lim\limits_{x \to 1-} f(x) = 0$이므로

$\lim\limits_{x \to -2+} f(x) + \lim\limits_{x \to 1-} f(x) = -2 + 0 = -2$

008 답 ④

함수 $y = f(x-1)$의 그래프는 함수 $y = f(x)$의 그래프를 x축의 방향으로 1만큼 평행이동한 것이므로

$\lim\limits_{x \to 1-} f(x-1) = \lim\limits_{x \to 0-} f(x) = 3$

함수 $y = f(-x)$의 그래프는 함수 $y = f(x)$의 그래프를 y축에 대하여 대칭이동한 것이므로

$\lim\limits_{x \to -1-} f(-x) = \lim\limits_{x \to 1+} f(x) = 1$

∴ $\lim\limits_{x \to 1-} f(x-1) + \lim\limits_{x \to -1-} f(-x) = 3 + 1 = 4$

009 답 ③

함수 $y = |f(x)|$의 그래프는 다음 그림과 같다.

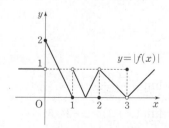

$\lim\limits_{x\to 0+}|f(-x)|$에서 $t=-x$라 하면 $x\to 0+$일 때

$t\to 0-$이므로

$\lim\limits_{x\to 0+}|f(-x)|=\lim\limits_{t\to 0-}|f(t)|=1$

$\lim\limits_{x\to 2-}|f(x)|=1$, $\lim\limits_{x\to 2+}|f(x)|=1$이므로

$\lim\limits_{x\to 2}|f(x)|=1$

$f(3)=-1$이므로

$|f(3)|=1$

$\therefore \lim\limits_{x\to 0+}|f(-x)|+\lim\limits_{x\to 2}|f(x)|+|f(3)|=1+1+1=3$

010 답 ⑤

$\lim\limits_{x\to 0+}\dfrac{5x-|x|}{2x}+\lim\limits_{x\to 0-}\dfrac{5x-|x|}{2x}=\lim\limits_{x\to 0+}\dfrac{5x-x}{2x}+\lim\limits_{x\to 0-}\dfrac{5x+x}{2x}$

$\qquad\qquad\qquad\qquad\qquad\qquad =\lim\limits_{x\to 0+}2+\lim\limits_{x\to 0-}3$

$\qquad\qquad\qquad\qquad\qquad\qquad =2+3$

$\qquad\qquad\qquad\qquad\qquad\qquad =5$

011 답 ②

$\lim\limits_{x\to 1-}f(x)=\lim\limits_{x\to 1-}(a^2x+4)=a^2+4$이고

$\lim\limits_{x\to 1+}f(x)=\lim\limits_{x\to 1+}(2x-a)=2-a$이므로

$3\lim\limits_{x\to 1-}f(x)-2\lim\limits_{x\to 1+}f(x)=16$에서

$3(a^2+4)-2(2-a)=16$

$3a^2+12-4+2a-16=0$

$3a^2+2a-8=0$, $(a+2)(3a-4)=0$

$\therefore a=-2$ 또는 $a=\dfrac{4}{3}$

따라서 구하는 모든 상수 a의 값의 합은

$-2+\dfrac{4}{3}=-\dfrac{2}{3}$

012 답 5

$\lim\limits_{x\to -1-}f(x)=\lim\limits_{x\to -1-}(-x+2)=3$이고

$\lim\limits_{x\to 1-}|f(x)|=\lim\limits_{x\to 1-}|-2x^2|=2$,

$\lim\limits_{x\to 1+}|f(x)|=\lim\limits_{x\to 1+}|x+1|=2$

에서

$\lim\limits_{x\to 1}|f(x)|=2$이므로

$\lim\limits_{x\to -1-}f(x)+\lim\limits_{x\to 1}|f(x)|=3+2=5$

013 답 5

$\lim\limits_{x\to 2}\dfrac{x^2+x-6}{x-2}=\lim\limits_{x\to 2}\dfrac{(x+3)(x-2)}{x-2}$

$\qquad\qquad\qquad\quad =\lim\limits_{x\to 2}(x+3)=2+3=5$

014 답 ①

$\lim\limits_{x\to 0}\dfrac{4}{x}\left(3+\dfrac{3}{x-1}\right)=\lim\limits_{x\to 0}\dfrac{4}{x}\left(\dfrac{3x-3+3}{x-1}\right)$

$\qquad\qquad\qquad\qquad =\lim\limits_{x\to 0}\dfrac{12}{x-1}$

$\qquad\qquad\qquad\qquad =\dfrac{12}{0-1}=-12$

015 답 ①

$\lim\limits_{x\to 2}\dfrac{\sqrt{x^2+5}-3}{x^3-8}=\lim\limits_{x\to 2}\dfrac{(\sqrt{x^2+5}-3)(\sqrt{x^2+5}+3)}{(x^3-8)(\sqrt{x^2+5}+3)}$

$\qquad\qquad\qquad\quad =\lim\limits_{x\to 2}\dfrac{x^2-4}{(x-2)(x^2+2x+4)(\sqrt{x^2+5}+3)}$

$\qquad\qquad\qquad\quad =\lim\limits_{x\to 2}\dfrac{(x+2)(x-2)}{(x-2)(x^2+2x+4)(\sqrt{x^2+5}+3)}$

$\qquad\qquad\qquad\quad =\lim\limits_{x\to 2}\dfrac{x+2}{(x^2+2x+4)(\sqrt{x^2+5}+3)}$

$\qquad\qquad\qquad\quad =\dfrac{4}{(4+4+4)\times(\sqrt{4+5}+3)}=\dfrac{1}{18}$

016 답 ⑤

$\lim\limits_{x\to -\infty}(\sqrt{x^2-10x}+x)$에서 $t=-x$라 하면

$x\to -\infty$일 때 $t\to \infty$이므로

$\lim\limits_{x\to -\infty}(\sqrt{x^2-10x}+x)=\lim\limits_{t\to \infty}(\sqrt{t^2+10t}-t)$

$\qquad\qquad\qquad\qquad\qquad =\lim\limits_{t\to \infty}\dfrac{(\sqrt{t^2+10t}-t)(\sqrt{t^2+10t}+t)}{\sqrt{t^2+10t}+t}$

$\qquad\qquad\qquad\qquad\qquad =\lim\limits_{t\to \infty}\dfrac{10t}{\sqrt{t^2+10t}+t}$

$\qquad\qquad\qquad\qquad\qquad =\lim\limits_{t\to \infty}\dfrac{10}{\sqrt{1+\dfrac{10}{t}}+1}$

$\qquad\qquad\qquad\qquad\qquad =\dfrac{10}{\sqrt{1+0}+1}=5$

017 답 ①

이차함수 $y=f(x)$의 그래프가 x축과 서로 다른 두 점 $(-1, 0)$, $(2, 0)$에서 만나므로 $f(x)=a(x+1)(x-2)$ $(a<0)$이라 하면

$\lim\limits_{x\to -1}\dfrac{f(x)}{x+1}=\lim\limits_{x\to -1}\dfrac{a(x+1)(x-2)}{x+1}$

$\qquad\qquad\quad =\lim\limits_{x\to -1}a(x-2)$

$\qquad\qquad\quad =-3a=6$

$\therefore a=-2$

따라서 $f(x)=-2(x+1)(x-2)$이므로

$\lim\limits_{x\to 2}\dfrac{f(x)}{x^2-2x}=\lim\limits_{x\to 2}\dfrac{-2(x+1)(x-2)}{x(x-2)}$

$\qquad\qquad\quad =\lim\limits_{x\to 2}\dfrac{-2(x+1)}{x}$

$\qquad\qquad\quad =\dfrac{-2\times 3}{2}=-3$

018 답 12

$f(x)$를 $x+2$로 나누었을 때 몫은 x^2-3이고 나머지는 6이므로

$f(x)=(x+2)(x^2-3)+6$

$\qquad =x^3+2x^2-3x$

$\therefore \lim_{x\to-3}\dfrac{f(x)}{x+3}=\lim_{x\to-3}\dfrac{x^3+2x^2-3x}{x+3}$

$\qquad\qquad\qquad =\lim_{x\to-3}\dfrac{x(x+3)(x-1)}{x+3}$

$\qquad\qquad\qquad =\lim_{x\to-3}x(x-1)$

$\qquad\qquad\qquad =(-3)\times(-4)$

$\qquad\qquad\qquad =12$

💡 **플러스 특강**

다항식 $P(x)$를 $ax+b$로 나누었을 때의 몫을 $Q(x)$, 나머지를 R라 하면

$P(x)=(ax+b)Q(x)+R$이고 $P\left(-\dfrac{b}{a}\right)=R$

---

019 답 30

$\lim_{x\to-1}(x+1)f(x)=1$에서 $g(x)=(x+1)f(x)$라 하면

$x\neq-1$일 때, $f(x)=\dfrac{g(x)}{x+1}$이고

$\lim_{x\to-1}g(x)=1$

$\therefore \lim_{x\to-1}(2x^2+1)f(x)=\lim_{x\to-1}\left\{(2x^2+1)\times\dfrac{g(x)}{x+1}\right\}$

$\qquad\qquad\qquad\qquad =\lim_{x\to-1}\dfrac{2x^2+1}{x+1}\times\lim_{x\to-1}g(x)$

$\qquad\qquad\qquad\qquad =\dfrac{3}{2}\times1$

$\qquad\qquad\qquad\qquad =\dfrac{3}{2}$

따라서 $a=\dfrac{3}{2}$이므로

$20a=20\times\dfrac{3}{2}=30$

---

020 답 19

$h(x)=f(x)+4g(x)$라 하면

$g(x)=\dfrac{h(x)-f(x)}{4}$

이때 $\lim_{x\to0}f(x)=7$, $\lim_{x\to0}h(x)=3$이므로

$\lim_{x\to0}g(x)=\lim_{x\to0}\dfrac{h(x)-f(x)}{4}$

$\qquad\qquad =\dfrac{\lim\limits_{x\to0}h(x)-\lim\limits_{x\to0}f(x)}{\lim\limits_{x\to0}4}$

$\qquad\qquad =\dfrac{3-7}{4}$

$\qquad\qquad =-1$

$\therefore \lim_{x\to0}\{2f(x)-5g(x)\}=2\lim_{x\to0}f(x)-5\lim_{x\to0}g(x)$

$\qquad\qquad\qquad\qquad =2\times7-5\times(-1)$

$\qquad\qquad\qquad\qquad =19$

---

021 답 ④

$\lim_{x\to2}\dfrac{f(x)-1}{x-2}=\dfrac{1}{12}$에서 $x\to2$일 때, 극한값이 존재하고

(분모) $\to0$이므로 (분자) $\to0$이어야 한다.

즉, $\lim_{x\to2}\{f(x)-1\}=0$이므로

$\lim_{x\to2}f(x)=1$

$\therefore \lim_{x\to2}\dfrac{x^2-2x}{\{f(x)\}^3-1}=\lim_{x\to2}\dfrac{x(x-2)}{\{f(x)-1\}[\{f(x)\}^2+f(x)+1]}$

$\qquad\qquad\qquad\qquad =\lim_{x\to2}\dfrac{1}{\dfrac{f(x)-1}{x-2}}\times\lim_{x\to2}\dfrac{x}{\{f(x)\}^2+f(x)+1}$

$\qquad\qquad\qquad\qquad =12\times\dfrac{2}{1^2+1+1}$

$\qquad\qquad\qquad\qquad =8$

---

022 답 ④

$\lim_{x\to-2}\dfrac{f(x)}{x+1}=4$, $\lim_{x\to-2}\dfrac{g(x)}{2x+1}=\dfrac{1}{6}$이므로

$\lim_{x\to-2}\dfrac{(4x^2-1)f(x)}{(x^2+x)g(x)}=\lim_{x\to-2}\dfrac{(2x+1)(2x-1)f(x)}{x(x+1)g(x)}$

$\qquad\qquad\qquad\qquad =\lim_{x\to-2}\left\{\dfrac{f(x)}{x+1}\times\dfrac{2x+1}{g(x)}\times\dfrac{2x-1}{x}\right\}$

$\qquad\qquad\qquad\qquad =\lim_{x\to-2}\dfrac{f(x)}{x+1}\times\lim_{x\to-2}\dfrac{2x+1}{g(x)}\times\lim_{x\to-2}\dfrac{2x-1}{x}$

$\qquad\qquad\qquad\qquad =4\times6\times\dfrac{-5}{-2}$

$\qquad\qquad\qquad\qquad =60$

---

023 답 ①

$\lim_{x\to1}(x+2)f(x)=6$이므로

$\lim_{x\to1}f(x)=\lim_{x\to1}\dfrac{(x+2)f(x)}{x+2}$

$\qquad\qquad =\dfrac{\lim\limits_{x\to1}(x+2)f(x)}{\lim\limits_{x\to1}(x+2)}$

$\qquad\qquad =\dfrac{6}{3}=2$

이때 $\lim_{x\to1}f(x)g(x)=8$이므로

$\lim_{x\to1}g(x)=\lim_{x\to1}\left\{f(x)g(x)\times\dfrac{1}{f(x)}\right\}$

$\qquad\qquad =\lim_{x\to1}f(x)g(x)\times\dfrac{1}{\lim\limits_{x\to1}f(x)}$

$\qquad\qquad =8\times\dfrac{1}{2}=4$

$\therefore \lim_{x\to1}\dfrac{\{g(x)\}^2-3f(x)}{(2-3x)f(x)}$

$\qquad =\dfrac{\lim\limits_{x\to1}\{g(x)\}^2-\lim\limits_{x\to1}3f(x)}{\lim\limits_{x\to1}(2-3x)\times\lim\limits_{x\to1}f(x)}$

$\qquad =\dfrac{\{\lim\limits_{x\to1}g(x)\}^2-3\lim\limits_{x\to1}f(x)}{\lim\limits_{x\to1}(2-3x)\times\lim\limits_{x\to1}f(x)}$

$\qquad =\dfrac{4^2-3\times2}{-1\times2}=-5$

024 답 ①

$\lim_{x \to 2} \dfrac{f(x-2)}{x-2} = -1$에서

$x-2=t$라 하면 $x \to 2$일 때 $t \to 0$이므로

$\lim_{x \to 2} \dfrac{f(x-2)}{x-2} = \lim_{t \to 0} \dfrac{f(t)}{t} = -1$

즉, $\lim_{x \to 0} \dfrac{f(x)}{x} = -1$이므로

$\lim_{x \to 0} \dfrac{5x - f(x)}{x^2 + 2f(x)} = \lim_{x \to 0} \dfrac{5 - \dfrac{f(x)}{x}}{x + \dfrac{2f(x)}{x}} = \dfrac{5 - (-1)}{0 + 2 \times (-1)} = -3$

025 답 ④

$\lim_{x \to -2} f(x) = 3$,

$\lim_{x \to -2} \{2f(x)g(x) - 4f(x)\} = \lim_{x \to -2} 2f(x)\{g(x) - 2\} = 6$

이므로

$\lim_{x \to -2} \{g(x) - 2\} = \lim_{x \to -2} \dfrac{2f(x)\{g(x) - 2\}}{2f(x)}$

$= \lim_{x \to -2} \dfrac{2f(x)g(x) - 4f(x)}{2f(x)}$

$= \dfrac{6}{2 \times 3}$

$= 1$

026 답 ⑤

$h(x) = 2f(x) + g(x)$라 하면

$g(x) = h(x) - 2f(x)$

이때 $\lim_{x \to \infty} f(x) = \infty$, $\lim_{x \to \infty} h(x) = 5$이므로

$\lim_{x \to \infty} \dfrac{h(x)}{f(x)} = 0$

$\therefore \lim_{x \to \infty} \dfrac{7f(x) + 6g(x)}{f(x) - 2g(x)} = \lim_{x \to \infty} \dfrac{7f(x) + 6\{h(x) - 2f(x)\}}{f(x) - 2\{h(x) - 2f(x)\}}$

$= \lim_{x \to \infty} \dfrac{-5f(x) + 6h(x)}{5f(x) - 2h(x)}$

$= \lim_{x \to \infty} \dfrac{-5 + 6 \times \dfrac{h(x)}{f(x)}}{5 - 2 \times \dfrac{h(x)}{f(x)}}$

$= \dfrac{-5 + 0}{5 - 0}$

$= -1$

027 답 ①

함수 $y = f(-x)$의 그래프는 함수 $y = f(x)$의 그래프를 y축에 대하여 대칭이동한 것이므로 두 함수 $y = f(x)$, $y = f(-x)$의 그래프는 각각 다음 그림과 같다.

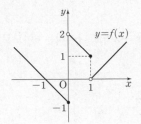 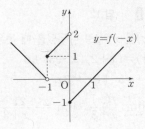

$\therefore \lim_{x \to 0+} f(x)f(-x) + \lim_{x \to 1-} f(x)f(-x)$

$= \lim_{x \to 0+} f(x) \times \lim_{x \to 0+} f(-x) + \lim_{x \to 1-} f(x) \times \lim_{x \to 1-} f(-x)$

$= 2 \times (-1) + 1 \times 0$

$= -2$

028 답 ⑤

$x \to 0$일 때, $g(x) \to 0+$이므로

$g(x) = t$라 하면

$\lim_{x \to 0} f(g(x)) = \lim_{t \to 0+} f(t) = 2$

029 답 ①

$\sqrt{x^2 + 6x} < f(x) < \dfrac{x^2 + 4x + 5}{x+1}$에서

$\sqrt{x^2 + 6x} < f(x) < x + \dfrac{3x+5}{x+1}$

$\therefore \sqrt{x^2 + 6x} - x < f(x) - x < \dfrac{3x+5}{x+1}$

$\lim_{x \to \infty} (\sqrt{x^2 + 6x} - x) = \lim_{x \to \infty} \dfrac{(x^2 + 6x) - x^2}{\sqrt{x^2 + 6x} + x}$

$= \lim_{x \to \infty} \dfrac{6x}{\sqrt{x^2 + 6x} + x}$

$= \lim_{x \to \infty} \dfrac{6}{\sqrt{1 + \dfrac{6}{x}} + 1}$

$= \dfrac{6}{\sqrt{1 + 0} + 1} = 3$

$\lim_{x \to \infty} \dfrac{3x+5}{x+1} = \lim_{x \to \infty} \dfrac{3 + \dfrac{5}{x}}{1 + \dfrac{1}{x}}$

$= \dfrac{3+0}{1+0} = 3$

따라서 함수의 극한의 대소 관계에 의하여

$\lim_{x \to \infty} \{f(x) - x\} = 3$

030 답 ②

$x > 0$인 모든 실수 x에 대하여 $\dfrac{x^2}{x^3 + 1} > 0$이므로

$3x - 1 \le \dfrac{(x^3 + 1)f(x)}{x} \le 3x + 2$에서

$\dfrac{x^2(3x-1)}{x^3 + 1} \le xf(x) \le \dfrac{x^2(3x+2)}{x^3 + 1}$

이때

$$\lim_{x\to\infty}\frac{x^2(3x-1)}{x^3+1}=\lim_{x\to\infty}\frac{3x^3-x^2}{x^3+1}=\lim_{x\to\infty}\frac{3-\dfrac{1}{x}}{1+\dfrac{1}{x^3}}=\frac{3-0}{1+0}=3,$$

$$\lim_{x\to\infty}\frac{x^2(3x+2)}{x^3+1}=\lim_{x\to\infty}\frac{3x^3+2x^2}{x^3+1}=\lim_{x\to\infty}\frac{3+\dfrac{2}{x}}{1+\dfrac{1}{x^3}}=\frac{3+0}{1+0}=3$$

이므로 함수의 극한의 대소 관계에 의하여

$$\lim_{x\to\infty}xf(x)=3$$

$$\therefore \lim_{x\to\infty}\frac{x^3f(x)-5x^2}{4x^2-x}=\lim_{x\to\infty}\frac{xf(x)-5}{4-\dfrac{1}{x}}$$

$$=\frac{3-5}{4-0}=-\frac{1}{2}$$

031 답 ④

$\lim\limits_{x\to\infty}\dfrac{f(x)}{x^2}=2$이므로 다항함수 $f(x)$는 최고차항의 계수가 2인 이차함수이다.

즉,

$$f(x)=2x^2+ax+b\ (a,\ b는\ 상수) \quad\cdots\cdots\ \bigcirc$$

라 할 수 있다.

한편, $\lim\limits_{x\to1}\dfrac{f(x)}{x-1}=3 \quad\cdots\cdots\ \bigcirc\bigcirc$

ㄴ에서 $x\to1$일 때, 극한값이 존재하고 (분모) $\to0$이므로 (분자) $\to0$이어야 한다.

즉, $\lim\limits_{x\to1}f(x)=0$에서 $f(1)=0$

ㄱ에 $x=1$을 대입하면 $2+a+b=0$이므로

$$b=-a-2$$

$b=-a-2$를 ㄱ에 대입하면

$$f(x)=2x^2+ax-a-2=(x-1)(2x+a+2)$$

ㄴ에서

$$\lim_{x\to1}\frac{f(x)}{x-1}=\lim_{x\to1}\frac{(x-1)(2x+a+2)}{x-1}$$

$$=\lim_{x\to1}(2x+a+2)$$

$$=2+a+2$$

$$=4+a$$

이므로

$$4+a=3 \quad\therefore a=-1$$

$a=-1$을 $b=-a-2$에 대입하여 정리하면 $b=-1$

따라서 $f(x)=2x^2-x-1$이므로

$$f(3)=18-3-1=14$$

032 답 28

$\lim\limits_{x\to4}\dfrac{x^2-(a+4)x+4a}{x^2-2b}=-2$에서 $x\to4$일 때, 0이 아닌 극한값이 존재하고 (분자) $\to0$이므로 (분모) $\to0$이어야 한다.

즉, $\lim\limits_{x\to4}(x^2-2b)=16-2b=0$

$$\therefore b=8$$

따라서

$$\lim_{x\to4}\frac{x^2-(a+4)x+4a}{x^2-2b}=\lim_{x\to4}\frac{x^2-(a+4)x+4a}{x^2-16}$$

$$=\lim_{x\to4}\frac{(x-4)(x-a)}{(x-4)(x+4)}$$

$$=\lim_{x\to4}\frac{x-a}{x+4}$$

$$=\frac{4-a}{8}$$

이므로

$$\frac{4-a}{8}=-2 \quad\therefore a=20$$

$$\therefore a+b=20+8=28$$

033 답 ②

$\lim\limits_{x\to1}\dfrac{\sqrt{4x+a}+b}{x-1}=\sqrt{2}$에서 $x\to1$일 때, 극한값이 존재하고 (분모) $\to0$이므로 (분자) $\to0$이어야 한다.

즉, $\lim\limits_{x\to1}(\sqrt{4x+a}+b)=\sqrt{4+a}+b=0$

$$\therefore b=-\sqrt{4+a} \quad\cdots\cdots\ \bigcirc$$

따라서

$$\lim_{x\to1}\frac{\sqrt{4x+a}+b}{x-1}=\lim_{x\to1}\frac{\sqrt{4x+a}-\sqrt{4+a}}{x-1}$$

$$=\lim_{x\to1}\frac{(4x+a)-(4+a)}{(x-1)(\sqrt{4x+a}+\sqrt{4+a})}$$

$$=\lim_{x\to1}\frac{4}{\sqrt{4x+a}+\sqrt{4+a}}$$

$$=\frac{2}{\sqrt{4+a}}$$

이므로

$$\frac{2}{\sqrt{4+a}}=\sqrt{2}$$

$$\therefore a=-2 \quad\cdots\cdots\ \bigcirc\bigcirc$$

ㄴ을 ㄱ에 대입하여 정리하면

$$b=-\sqrt{2}$$

$$\therefore a^2+b^2=(-2)^2+(-\sqrt{2})^2=6$$

034 답 ②

$(x-3)f(x)=ax^2+bx+c$의 양변에 $x=3$을 대입하면

$$9a+3b+c=0 \quad\cdots\cdots\ \bigcirc$$

$x\neq3$일 때,

$$f(x)=\frac{ax^2+bx+c}{x-3}$$

이때 $\lim\limits_{x\to\infty}f(x)=\lim\limits_{x\to\infty}\dfrac{ax^2+bx+c}{x-3}=-1$이므로

$$a=0,\ b=-1 \quad\cdots\cdots\ \bigcirc\bigcirc$$

ㄴ을 ㄱ에 대입하여 정리하면 $c=3$이므로

$$a+b+c=0+(-1)+3=2$$

035 답 ①

모든 실수 x에 대하여 $f(3-x)=f(3+x)$이므로 이차함수 $y=f(x)$의 그래프는 직선 $x=3$에 대하여 대칭이다.

따라서 $f(x)=(x-3)^2+a$ (a는 상수)라 하면

$$\lim_{x\to\infty}\frac{f(x+4)-f(x-1)}{2x+1}=\lim_{x\to\infty}\frac{(x+1)^2-(x-4)^2}{2x+1}$$

$$=\lim_{x\to\infty}\frac{10x-15}{2x+1}=\lim_{x\to\infty}\frac{10-\dfrac{15}{x}}{2+\dfrac{1}{x}}$$

$$=\frac{10-0}{2+0}=5$$

036 답 ④

삼차함수 $f(x)$가 모든 실수 x에 대하여 $f(-x)=-f(x)$를 만족시키므로 $f(x)=ax^3+bx$ ($a\neq0$, a, b는 상수)라 할 수 있다.

$\displaystyle\lim_{x\to1}\frac{f(x)}{x^2-1}=2$에서 $x\to1$일 때, 극한값이 존재하고 (분모) $\to0$이므로 (분자) $\to0$이어야 한다.

즉, $\displaystyle\lim_{x\to1}(ax^3+bx)=a+b=0$에서 $b=-a$

$$\lim_{x\to1}\frac{f(x)}{x^2-1}=\lim_{x\to1}\frac{ax^3-ax}{x^2-1}$$

$$=\lim_{x\to1}\frac{ax(x+1)(x-1)}{(x+1)(x-1)}$$

$$=\lim_{x\to1}ax=a$$

이므로 $a=2$

이때 $b=-2$이므로

$f(x)=2x^3-2x$

$$\therefore \lim_{x\to-1}\frac{f(x)}{x+1}=\lim_{x\to-1}\frac{2x(x+1)(x-1)}{x+1}$$

$$=\lim_{x\to-1}2x(x-1)$$

$$=-2\times(-2)=4$$

037 답 6

이차함수 $f(x)$의 최고차항의 계수가 1이므로 $f(x)=x^2+ax+b$ (a, b는 상수)라 할 수 있다.

$\displaystyle\lim_{x\to-1}\frac{f(x)+5}{x+1}=-4$에서 $x\to-1$일 때, 극한값이 존재하고 (분모) $\to0$이므로 (분자) $\to0$이어야 한다.

즉, $\displaystyle\lim_{x\to-1}\{f(x)+5\}=f(-1)+5=0$에서

$f(-1)=1-a+b=-5$

$\therefore b=a-6$ ...... ㉠

$$\lim_{x\to-1}\frac{f(x)+5}{x+1}=\lim_{x\to-1}\frac{x^2+ax+a-6+5}{x+1}$$

$$=\lim_{x\to-1}\frac{x^2+ax+a-1}{x+1}$$

$$=\lim_{x\to-1}\frac{(x+1)(x+a-1)}{x+1}$$

$$=\lim_{x\to-1}(x+a-1)=a-2$$

이므로

$a-2=-4$

$\therefore a=-2$ ...... ㉡

㉡을 ㉠에 대입하여 정리하면

$b=-8$

따라서 $f(x)=x^2-2x-8$이므로

$$\lim_{x\to4}\frac{f(x)}{x-4}=\lim_{x\to4}\frac{x^2-2x-8}{x-4}$$

$$=\lim_{x\to4}\frac{(x-4)(x+2)}{x-4}$$

$$=\lim_{x\to4}(x+2)$$

$$=4+2=6$$

038 답 6

$f(x)=x^2-2x=x(x-2)$에서

$f(0)=0$, $f(2)=0$

모든 실수 k에 대하여 극한값 $\displaystyle\lim_{x\to k}\frac{g(x)}{f(x)}$가 존재하므로

두 극한값 $\displaystyle\lim_{x\to0}\frac{g(x)}{f(x)}$, $\displaystyle\lim_{x\to2}\frac{g(x)}{f(x)}$가 모두 존재한다.

이때

$\displaystyle\lim_{x\to0}f(x)=0$, $\displaystyle\lim_{x\to2}f(x)=0$이므로

$\displaystyle\lim_{x\to0}g(x)=\lim_{x\to0}(x^3+ax+b)=b=0$ ...... ㉠

$\displaystyle\lim_{x\to2}g(x)=\lim_{x\to2}(x^3+ax+b)=8+2a+b=0$ ...... ㉡

이어야 한다.

㉠, ㉡에서

$a=-4$, $b=0$

$$\therefore \lim_{x\to0}\frac{g(x)}{f(x)}+\lim_{x\to2}\frac{g(x)}{f(x)}$$

$$=\lim_{x\to0}\frac{x^3-4x}{x^2-2x}+\lim_{x\to2}\frac{x^3-4x}{x^2-2x}$$

$$=\lim_{x\to0}\frac{x(x+2)(x-2)}{x(x-2)}+\lim_{x\to2}\frac{x(x+2)(x-2)}{x(x-2)}$$

$$=\lim_{x\to0}(x+2)+\lim_{x\to2}(x+2)$$

$$=2+4$$

$$=6$$

039 답 ③

$\displaystyle\lim_{x\to\infty}\frac{f(x)-ax^2}{x}=3$이므로 다항함수 $f(x)-ax^2$은 최고차항의 계수가 3인 일차함수이다.

즉,

$f(x)-ax^2=3x+b$ (b는 상수) ...... ㉠

라 할 수 있다.

한편,

$\displaystyle\lim_{x\to1}\frac{f(x)}{x-1}=a$ ...... ㉡

$\bigcirc$에서 $x \to 1$일 때, 극한값이 존재하고 (분모) $\to 0$이므로
(분자) $\to 0$이어야 한다.

즉, $\lim\limits_{x \to 1} f(x) = 0$에서 $f(1) = 0$

$\bigcirc$에 $x = 1$을 대입하면 $0 - a = 3 + b$이므로

$b = -a - 3$

$b = -a - 3$을 $\bigcirc$에 대입하면

$f(x) - ax^2 = 3x - a - 3$

$\therefore f(x) = ax^2 + 3x - a - 3 = (x-1)(ax + a + 3)$

$\bigcirc$에서

$$\lim_{x \to 1} \frac{f(x)}{x-1} = \lim_{x \to 1} \frac{(x-1)(ax+a+3)}{x-1}$$
$$= \lim_{x \to 1}(ax+a+3)$$
$$= 2a+3$$

이므로

$2a + 3 = a$ $\therefore a = -3$

$a = -3$을 $b = -a - 3$에 대입하여 정리하면

$b = 0$

따라서 $f(x) = -3x^2 + 3x$이므로

$f(2) = -12 + 6 = -6$

040 답 ④

$P(t, \sqrt{t})$이므로

$\overline{OP}^2 = t^2 + (\sqrt{t})^2 = t^2 + t$

한편, 선분 PH의 길이는 점 $P(t, \sqrt{t})$와 직선 $y = \dfrac{1}{2}x$, 즉

$x - 2y = 0$ 사이의 거리와 같으므로

$$\overline{PH} = \frac{|t - 2\sqrt{t}|}{\sqrt{1^2 + (-2)^2}} = \frac{|t - 2\sqrt{t}|}{\sqrt{5}}$$

$\therefore \overline{PH}^2 = \dfrac{(t - 2\sqrt{t})^2}{5} = \dfrac{t^2 - 4t\sqrt{t} + 4t}{5}$

직각삼각형 OPH에서

$$\overline{OH}^2 = \overline{OP}^2 - \overline{PH}^2$$
$$= t^2 + t - \frac{t^2 - 4t\sqrt{t} + 4t}{5} = \frac{4t^2 + 4t\sqrt{t} + t}{5}$$

$$\therefore \lim_{t \to \infty} \frac{\overline{OH}^2}{\overline{OP}^2} = \lim_{t \to \infty} \frac{4t^2 + 4t\sqrt{t} + t}{5(t^2 + t)}$$
$$= \lim_{t \to \infty} \frac{4 + \dfrac{4}{\sqrt{t}} + \dfrac{1}{t}}{5 + \dfrac{5}{t}}$$
$$= \frac{4 + 0 + 0}{5 + 0} = \frac{4}{5}$$

041 답 2

두 점 P, Q의 좌표는 $P(t, t^2)$, $Q(t, t^2 - 2t)$이다.

이때 $\overline{PQ} = 2t$이므로 삼각형 POQ의 넓이 $S(t)$는

$$S(t) = \frac{1}{2} \times t \times \overline{PQ}$$
$$= \frac{1}{2} \times t \times 2t = t^2$$

$$\therefore \lim_{t \to \infty} \frac{S(t+1) - S(t)}{t} = \lim_{t \to \infty} \frac{(t+1)^2 - t^2}{t}$$
$$= \lim_{t \to \infty} \frac{2t + 1}{t}$$
$$= \lim_{t \to \infty} \frac{2 + \dfrac{1}{t}}{1}$$
$$= \frac{2 + 0}{1} = 2$$

042 답 ②

점 P는 원 $x^2 + y^2 = 16$과 직선 $x = t$ $(0 < t < 4)$가 제1사분면에서 만나는 점이므로

$P(t, \sqrt{16 - t^2})$

$$\therefore f(t) = \overline{AP}$$
$$= \sqrt{(t+4)^2 + (\sqrt{16 - t^2})^2}$$
$$= \sqrt{8t + 32}$$

또한, $Q(t, 0)$이므로

$g(t) = \overline{AQ} = 4 + t$

$$\therefore \lim_{t \to 4-} \frac{f(t) - g(t)}{4 - t} = \lim_{t \to 4-} \frac{\sqrt{8t + 32} - (4 + t)}{4 - t}$$
$$= \lim_{t \to 4-} \frac{(8t + 32) - (4 + t)^2}{(4 - t)\{\sqrt{8t + 32} + (4 + t)\}}$$
$$= \lim_{t \to 4-} \frac{16 - t^2}{(4 - t)(\sqrt{8t + 32} + 4 + t)}$$
$$= \lim_{t \to 4-} \frac{(4 - t)(4 + t)}{(4 - t)(\sqrt{8t + 32} + 4 + t)}$$
$$= \lim_{t \to 4-} \frac{4 + t}{\sqrt{8t + 32} + 4 + t}$$
$$= \frac{4 + 4}{\sqrt{32 + 32} + 4 + 4} = \frac{1}{2}$$

043 답 ⑤

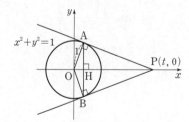

위의 그림과 같이 두 점 A, B는 각각 접점이고 두 직선 AP, BP는 원의 접선이므로 직각삼각형 AOP에서

$\overline{AP} = \sqrt{\overline{OP}^2 - \overline{OA}^2} = \sqrt{t^2 - 1}$

이때 두 선분 OP, AB의 교점을 H라 하면 $\overline{OP} \perp \overline{AB}$이므로

직각삼각형 AOP의 넓이에서 $\dfrac{1}{2} \times \overline{AP} \times \overline{OA} = \dfrac{1}{2} \times \overline{OP} \times \overline{AH}$

$\dfrac{1}{2} \times \sqrt{t^2 - 1} \times 1 = \dfrac{1}{2} \times t \times \overline{AH}$

$\therefore \overline{AH} = \dfrac{\sqrt{t^2 - 1}}{t}$

따라서 선분 AB의 길이 $f(t)$는

$$f(t) = \overline{AB} = 2\overline{AH} = \frac{2\sqrt{t^2-1}}{t}$$

$$\begin{aligned}\therefore \lim_{t \to 1+} \frac{f(t)}{\sqrt{t-1}} &= \lim_{t \to 1+} \frac{\frac{2\sqrt{t^2-1}}{t}}{\sqrt{t-1}} = \lim_{t \to 1+} \frac{2\sqrt{t^2-1}}{t\sqrt{t-1}} \\ &= \lim_{t \to 1+} \frac{2\sqrt{(t-1)(t+1)}}{t\sqrt{t-1}} \\ &= \lim_{t \to 1+} \frac{2\sqrt{t+1}}{t} \\ &= 2\sqrt{2}\end{aligned}$$

044 답 ②

두 점 P_1, P_2는 함수 $f(x) = \sqrt{3x}$의 그래프 위의 점이므로
$P_1(t, \sqrt{3t})$, $P_2(2t, \sqrt{6t})$
삼각형 P_1OH_1은 직각삼각형이므로 $\overline{OP_1}$이 외접원의 지름이고, 그 외접원의 넓이 $S_1(t)$는

$$S_1(t) = \pi\left(\frac{\overline{OP_1}}{2}\right)^2 = \frac{\pi}{4} \times \overline{OP_1}^2$$

이때 $\overline{OP_1} = \sqrt{t^2 + (\sqrt{3t})^2} = \sqrt{t^2 + 3t}$이므로

$$S_1(t) = \frac{\pi}{4}(t^2 + 3t)$$

삼각형 P_2OH_2는 직각삼각형이므로 $\overline{OP_2}$가 외접원의 지름이고, 그 외접원의 넓이 $S_2(t)$는

$$S_2(t) = \pi\left(\frac{\overline{OP_2}}{2}\right)^2 = \frac{\pi}{4} \times \overline{OP_2}^2$$

이때 $\overline{OP_2} = \sqrt{(2t)^2 + (\sqrt{6t})^2} = \sqrt{4t^2 + 6t}$이므로

$$S_2(t) = \frac{\pi}{4}(4t^2 + 6t)$$

$$\begin{aligned}\therefore \lim_{t \to \infty} \frac{S_2(t) - S_1(t)}{t^2} &= \lim_{t \to \infty} \frac{\frac{\pi}{4}(4t^2 + 6t) - \frac{\pi}{4}(t^2 + 3t)}{t^2} \\ &= \lim_{t \to \infty} \frac{\frac{\pi}{4}(3t^2 + 3t)}{t^2} \\ &= \lim_{t \to \infty} \frac{\frac{\pi}{4}\left(3 + \frac{3}{t}\right)}{1} \\ &= \frac{\pi}{4}(3 + 0) = \frac{3}{4}\pi\end{aligned}$$

045 답 ⑤

함수 $f(x)$가 실수 전체의 집합에서 연속이므로 $x = 3$에서도 연속이다.
즉, $\displaystyle\lim_{x \to 3+} f(x) = \lim_{x \to 3-} f(x) = f(3)$이어야 하므로

$$\lim_{x \to 3+} \frac{2x+1}{x-2} = \lim_{x \to 3-} \frac{x^2+ax+b}{x-3} = \frac{6+1}{3-2}$$

$$\therefore \lim_{x \to 3-} \frac{x^2+ax+b}{x-3} = 7 \quad \cdots\cdots \ㄱ$$

㉠에서 $x \to 3-$일 때, 극한값이 존재하고 (분모) $\to 0$이므로 (분자) $\to 0$이어야 한다.

즉, $\displaystyle\lim_{x \to 3-} (x^2 + ax + b) = 0$에서
$9 + 3a + b = 0$ $\therefore b = -3a - 9$
㉠에서

$$\begin{aligned}\lim_{x \to 3-} \frac{x^2+ax+b}{x-3} &= \lim_{x \to 3-} \frac{x^2+ax-3a-9}{x-3} \\ &= \lim_{x \to 3-} \frac{(x-3)(x+3+a)}{x-3} \\ &= \lim_{x \to 3-} (x+3+a) \\ &= 6+a = 7\end{aligned}$$

이므로 $a = 1$
$a = 1$을 $b = -3a - 9$에 대입하여 정리하면 $b = -12$
$\therefore a - b = 1 - (-12) = 13$

046 답 ④

함수 $f(x)$가 실수 전체의 집합에서 연속이려면 $x = a$에서 연속이어야 하므로

$$\lim_{x \to a+} f(x) = \lim_{x \to a-} f(x) = f(a)$$

이어야 한다.
이때

$$\lim_{x \to a+} f(x) = \lim_{x \to a+} (x^2 + 2ax - 2) = a^2 + 2a^2 - 2 = 3a^2 - 2,$$

$$\lim_{x \to a-} f(x) = \lim_{x \to a-} (2x + 1) = 2a + 1,$$

$$f(a) = a^2 + 2a^2 - 2 = 3a^2 - 2$$

이므로 $2a + 1 = 3a^2 - 2$에서
$3a^2 - 2a - 3 = 0$
위의 이차방정식의 판별식을 D라 하면

$$\frac{D}{4} = (-1)^2 - 3 \times (-3) = 10 > 0$$

이므로 이 이차방정식은 서로 다른 두 실근을 갖는다.
따라서 이차방정식의 근과 계수의 관계에 의하여 구하는 모든 상수 a의 값의 합은 $\dfrac{2}{3}$이다.

047 답 ①

함수 $f(x)$가 실수 전체의 집합에서 연속이므로 $x = -1$에서도 연속이다.

즉, $\displaystyle\lim_{x \to -1} f(x) = f(-1)$ $\therefore \displaystyle\lim_{x \to -1} \frac{x^2-5x+a}{x+1} = b$ $\cdots\cdots \ㄱ$

㉠에서 $x \to -1$일 때, 극한값이 존재하고 (분모) $\to 0$이므로 (분자) $\to 0$이어야 한다.

즉, $\displaystyle\lim_{x \to -1} (x^2 - 5x + a) = 1 + 5 + a = 0$에서 $a = -6$ $\cdots\cdots \ㄴ$

㉠, ㉡에서

$$\begin{aligned}\lim_{x \to -1} \frac{x^2-5x-6}{x+1} &= \lim_{x \to -1} \frac{(x+1)(x-6)}{x+1} \\ &= \lim_{x \to -1} (x-6) = -7\end{aligned}$$

이므로 $b = -7$
$\therefore a + b = -6 + (-7) = -13$

048 답 ④

함수 $f(x)$가 $x=5$에서 연속이어야 하므로

$$\lim_{x \to 5} f(x) = f(5)$$

이어야 한다.

$$\therefore \lim_{x \to 5} \frac{\sqrt{x-1}-a}{x-5} = b \quad \cdots\cdots \text{㉠}$$

㉠에서 $x \to 5$일 때, 극한값이 존재하고 (분모) $\to 0$이므로 (분자) $\to 0$이어야 한다.

즉, $\lim_{x \to 5} (\sqrt{x-1}-a) = 2-a = 0$에서

$$a = 2 \quad \cdots\cdots \text{㉡}$$

㉠, ㉡에서

$$\lim_{x \to 5} \frac{\sqrt{x-1}-2}{x-5} = \lim_{x \to 5} \frac{(x-1)-4}{(x-5)(\sqrt{x-1}+2)}$$
$$= \lim_{x \to 5} \frac{1}{\sqrt{x-1}+2}$$
$$= \frac{1}{\sqrt{4}+2} = \frac{1}{4}$$

이므로 $b = \dfrac{1}{4}$

$$\therefore a+b = 2 + \frac{1}{4} = \frac{9}{4}$$

049 답 ⑤

함수 $f(x)$가 $x=-2$에서 연속이어야 하므로

$$\lim_{x \to -2+} f(x) = \lim_{x \to -2-} f(x) = f(-2)$$

이어야 한다.

이때

$$\lim_{x \to -2+} f(x) = \lim_{x \to -2+} \frac{3x+2}{x+1} = \frac{-6+2}{-2+1} = 4,$$

$$\lim_{x \to -2-} f(x) = \lim_{x \to -2-} \frac{x^2+ax+b}{x+2},$$

$$f(-2) = 4$$

이므로

$$\lim_{x \to -2-} \frac{x^2+ax+b}{x+2} = 4 \quad \cdots\cdots \text{㉠}$$

㉠에서 $x \to -2-$일 때, 극한값이 존재하고 (분모) $\to 0$이므로 (분자) $\to 0$이어야 한다.

즉, $\lim_{x \to -2-} (x^2+ax+b) = 0$에서

$$4-2a+b = 0$$

$$\therefore b = 2a-4 \quad \cdots\cdots \text{㉡}$$

㉠, ㉡에서

$$\lim_{x \to -2-} \frac{x^2+ax+2a-4}{x+2} = \lim_{x \to -2-} \frac{(x+2)(x+a-2)}{x+2}$$
$$= \lim_{x \to -2-} (x+a-2)$$
$$= a-4 = 4$$

이므로 $a=8$

$a=8$을 ㉡에 대입하여 정리하면

$$b = 12$$

$$\therefore ab = 8 \times 12 = 96$$

050 답 5

함수 $f(x) = \begin{cases} x^2+ax+b & (|x|<1) \\ 2x & (|x| \geq 1) \end{cases}$ 이 실수 전체의 집합에서 연속이려면 $x=-1$, $x=1$에서 연속이어야 한다.

(ⅰ) $x=-1$에서 연속일 때

$$\lim_{x \to -1+} f(x) = \lim_{x \to -1+} (x^2+ax+b) = 1-a+b,$$

$$\lim_{x \to -1-} f(x) = \lim_{x \to -1-} 2x = -2,$$

$$f(-1) = -2$$

이므로

$$1-a+b = -2$$

$$\therefore a-b = 3 \quad \cdots\cdots \text{㉠}$$

(ⅱ) $x=1$에서 연속일 때

$$\lim_{x \to 1+} f(x) = \lim_{x \to 1+} 2x = 2,$$

$$\lim_{x \to 1-} f(x) = \lim_{x \to 1-} (x^2+ax+b) = 1+a+b,$$

$$f(1) = 2$$

이므로

$$1+a+b = 2$$

$$\therefore a+b = 1 \quad \cdots\cdots \text{㉡}$$

㉠, ㉡에서

$$a=2, \ b=-1$$

$$\therefore a^2+b^2 = 2^2+(-1)^2 = 5$$

051 답 ④

함수 $\{f(x)\}^2$이 실수 전체의 집합에서 연속이려면 $x=a$에서 연속이어야 하므로

$$\lim_{x \to a+} \{f(x)\}^2 = \lim_{x \to a-} \{f(x)\}^2 = \{f(a)\}^2$$

이어야 한다.

이때

$$\lim_{x \to a+} \{f(x)\}^2 = \lim_{x \to a+} (2x-a)^2 = a^2,$$

$$\lim_{x \to a-} \{f(x)\}^2 = \lim_{x \to a-} (-2x+6)^2 = (-2a+6)^2,$$

$$\{f(a)\}^2 = (2a-a)^2 = a^2$$

이므로 $(-2a+6)^2 = a^2$에서

$$3a^2-24a+36 = 0, \ 3(a-2)(a-6) = 0$$

$$\therefore a=2 \ \text{또는} \ a=6$$

따라서 모든 상수 a의 값의 합은

$$2+6 = 8$$

052 답 ②

함수 $h(x) = \dfrac{f(x)}{g(x)}$가 실수 전체의 집합에서 연속이려면 모든 실수 x에 대하여 $g(x) \neq 0$이어야 한다.

이차방정식 $x^2-kx+2k=0$의 판별식을 D라 하면

$$D = k^2-8k < 0$$에서

$$k(k-8) < 0$$

$$\therefore 0 < k < 8$$

따라서 정수 k의 개수는 1, 2, 3, $\cdots$, 7의 7이다.

053 답 16

함수 $f(x)g(x)$가 $x=1$에서 연속이려면
$$\lim_{x \to 1+} f(x)g(x)=\lim_{x \to 1-} f(x)g(x)=f(1)g(1)$$
이어야 한다.

이때
$$\begin{aligned}\lim_{x \to 1+} f(x)g(x)&=\lim_{x \to 1+} f(x) \times \lim_{x \to 1+} g(x)\\&=\lim_{x \to 1+} (2x-1) \times \lim_{x \to 1+} (x^2+3x+a)\\&=1 \times (4+a)\\&=4+a\end{aligned}$$

$$\begin{aligned}\lim_{x \to 1-} f(x)g(x)&=\lim_{x \to 1-} f(x) \times \lim_{x \to 1-} g(x)\\&=\lim_{x \to 1-} (-x) \times \lim_{x \to 1-} (x^2+3x+a)\\&=-1 \times (4+a)\\&=-4-a\end{aligned}$$

$$f(1)g(1)=1 \times (4+a)=4+a$$
이므로 $-4-a=4+a$에서 $a=-4$

$\therefore a^2=(-4)^2=16$

054 답 ④

ㄱ. $\lim_{x \to 1-} f(x)=1$ (거짓)

ㄴ. $\begin{aligned}\lim_{x \to 1+} \{f(x)+f(-x)\}&=\lim_{x \to 1+} f(x)+\lim_{x \to 1+} f(-x)\\&=-1+1=0\end{aligned}$

$\begin{aligned}\lim_{x \to 1-} \{f(x)+f(-x)\}&=\lim_{x \to 1-} f(x)+\lim_{x \to 1-} f(-x)\\&=1+(-1)=0\end{aligned}$

$\therefore \lim_{x \to 1} \{f(x)+f(-x)\}=0$ (참)

ㄷ. $\lim_{x \to 1} \{f(x)+f(-x)\}=0$ ($\because$ ㄴ)

$f(1)+f(-1)=-1+1=0$이므로
$$\lim_{x \to 1} \{f(x)+f(-x)\}=f(1)+f(-1)$$

즉, 함수 $f(x)+f(-x)$는 $x=1$에서 연속이다. (참)

따라서 옳은 것은 ㄴ, ㄷ이다.

055 답 ③

함수 $f(g(x))$가 실수 전체의 집합에서 연속이려면 $x=-1$에서 연속이어야 하므로
$$\lim_{x \to -1+} f(g(x))=\lim_{x \to -1-} f(g(x))=f(g(-1))$$
이어야 한다.

이때
$$\begin{aligned}\lim_{x \to -1+} f(g(x))&=\lim_{x \to -1+} f(x^2+1)\\&=\lim_{x \to -1+} \{(x^2+1)^2+a(x^2+1)\}\\&=4+2a\end{aligned}$$

$$\begin{aligned}\lim_{x \to -1-} f(g(x))&=\lim_{x \to -1-} f(-x)\\&=\lim_{x \to -1-} \{(-x)^2+a(-x)\}\\&=1+a\end{aligned}$$

$$f(g(-1))=f(2)=4+2a$$
이므로 $1+a=4+2a$에서
$a=-3$

056 답 ③

$g(x)=f(x-a)$라 하자.
$$g(x)=f(x-a)=\begin{cases} 3x-2 & (x<a) \\ -2x+3a & (x \geq a)\end{cases}$$

함수 $\{g(x)\}^2$이 실수 전체의 집합에서 연속이려면 $x=a$에서 연속이어야 하므로
$$\lim_{x \to a+} \{g(x)\}^2=\lim_{x \to a-} \{g(x)\}^2=g(a)^2$$
이어야 한다.

이때
$$\begin{aligned}\lim_{x \to a+} \{g(x)\}^2&=\lim_{x \to a+} (-2x+3a)^2\\&=a^2\end{aligned}$$

$$\begin{aligned}\lim_{x \to a-} \{g(x)\}^2&=\lim_{x \to a-} (3x-2)^2\\&=(3a-2)^2\end{aligned}$$

$$\{g(a)\}^2=(-2a+3a)^2=a^2$$
이므로 $(3a-2)^2=a^2$에서
$$8a^2-12a+4=0, \ 4(2a-1)(a-1)=0$$

$\therefore a=\dfrac{1}{2}$ 또는 $a=1$

따라서 모든 상수 a의 값의 합은
$$\dfrac{1}{2}+1=\dfrac{3}{2}$$

057 답 ④

ㄱ. $\lim_{x \to 0+} g(x)=-1$ (거짓)

ㄴ. $f(0)=a \ (a>3)$이라 하면
$g(f(0))=g(a)$

이때 $f(x)=t$라 하면 $x \to 0$일 때 $t \to a-$이고
함수 $g(x)$는 $x>3$에서 연속이므로
$$\lim_{x \to 0} g(f(x))=\lim_{t \to a-} g(t)=g(a)$$

따라서 $\lim_{x \to 0} g(f(x))=g(f(0))$이므로 함수 $g(f(x))$는
$x=0$에서 연속이다. (참)

ㄷ. 함수 $f(x)$는 연속함수이고, 함수 $g(x)$는 $x=0$에서만 불연속인데 닫힌구간 $[-3, 3]$에서 $f(x) \neq 0$이므로 함수 $g(f(x))$는 닫힌구간 $[-3, 3]$에서 연속이다.

이때 $h(x)=g(f(x))$라 하면
$$h(-3)=g(f(-3))=g(1)<0,$$
$$h(3)=g(f(3))=g(3)>0$$
이므로 $h(-3)h(3)<0$

사잇값의 정리에 의하여 방정식 $h(x)=0$, 즉 $g(f(x))=0$은 닫힌구간 $[-3, 3]$에서 적어도 하나의 실근을 갖는다. (참)

따라서 옳은 것은 ㄴ, ㄷ이다.

058 답 ③

$f(-1)f(1)>0$이므로 $f(-1)$과 $f(1)$의 부호는 서로 같고 $f(0)f(1)<0$이므로 $f(0)$과 $f(1)$의 부호는 서로 다르다.

즉, $f(-1)$과 $f(0)$의 부호가 서로 다르므로 $f(-1)f(0)<0$이고 사잇값의 정리에 의하여 방정식 $f(x)=0$은 두 열린구간 $(-1, 0)$, $(0, 1)$에서 각각 적어도 한 개의 실근을 갖는다.

한편, $f(-2)f(2)<0$이므로 $f(-2)$와 $f(2)$의 부호는 서로 다르다.

즉, 열린구간 $(-2, 2)$에서 함수 $y=f(x)$의 그래프와 x축의 교점의 개수가 최소가 되도록 그리면 다음과 같다.

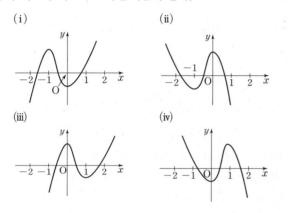

방정식 $f(x)=0$은 두 열린구간 $(-2, -1)$, $(1, 2)$ 중 한 열린구간에서만 적어도 한 개의 실근을 갖는다.

따라서 방정식 $f(x)=0$은 적어도 3개의 실근을 가지므로 $n=3$

059 답 ①

ㄱ. $F(x)=f(x)+2x$라 하면 함수 $F(x)$는 실수 전체의 집합에서 연속이다. 이때
$$F(0)=f(0)+2\times 0=-1+0=-1,$$
$$F(1)=f(1)+2\times 1=2+2=4$$
이므로 $F(0)F(1)<0$

따라서 사잇값의 정리에 의하여 방정식 $F(x)=0$은 열린구간 $(0, 1)$에서 적어도 하나의 실근을 갖는다.

ㄴ. $G(x)=xf(x-1)$이라 하면 함수 $G(x)$는 실수 전체의 집합에서 연속이다. 이때
$$G(0)=0\times f(-1)=0,$$
$$G(1)=1\times f(0)=1\times(-1)=-1$$
이므로 방정식 $G(x)=0$은 열린구간 $(0, 1)$에서 적어도 하나의 실근을 항상 갖는다고 할 수 없다.

ㄷ. $H(x)=f(1-x)+f(x)$라 하면 함수 $H(x)$는 실수 전체의 집합에서 연속이다. 이때
$$H(0)=f(1)+f(0)=2+(-1)=1,$$
$$H(1)=f(0)+f(1)=-1+2=1$$
이므로 방정식 $H(x)=0$은 열린구간 $(0, 1)$에서 적어도 하나의 실근을 항상 갖는다고 할 수 없다.

따라서 열린구간 $(0, 1)$에서 적어도 하나의 실근을 항상 갖는 방정식은 ㄱ이다.

060 답 ④

함수 $|f(x)|$가 실수 전체의 집합에서 연속이려면 $x=2$에서 연속이어야 하므로
$$\lim_{x\to 2+}|f(x)|=\lim_{x\to 2-}|f(x)|=|f(2)|$$
이어야 한다.

이때
$$\lim_{x\to 2+}|f(x)|=\lim_{x\to 2+}|x^2-4a^2|=|4-4a^2|,$$
$$\lim_{x\to 2-}|f(x)|=\lim_{x\to 2-}|x+2a|=|2+2a|,$$
$$|f(2)|=|2+2a|$$
이므로 $|2+2a|=|4-4a^2|$에서
$$2+2a=\pm(4-4a^2)$$

(i) $2+2a=4-4a^2$일 때
$$2a^2+a-1=0, (a+1)(2a-1)=0$$
$$\therefore a=-1 \text{ 또는 } a=\frac{1}{2}$$

(ii) $2+2a=-(4-4a^2)$일 때
$$2a^2-a-3=0, (a+1)(2a-3)=0$$
$$\therefore a=-1 \text{ 또는 } a=\frac{3}{2}$$

(i), (ii)에서 구하는 모든 상수 a의 값의 합은
$$-1+\frac{1}{2}+\frac{3}{2}=1$$

061 답 ③

$\lim_{x\to -\infty}\dfrac{f(x)-x^3}{x^2+1}$에서

$t=-x$라 하면 $x\to -\infty$일 때, $t\to \infty$이므로
$$\lim_{x\to -\infty}\frac{f(x)-x^3}{x^2+1}=\lim_{t\to \infty}\frac{f(-t)-(-t)^3}{(-t)^2+1}$$
$$=\lim_{t\to \infty}\frac{f(-t)+t^3}{t^2+1}$$

이때 $\lim_{t\to \infty}\dfrac{f(-t)+t^3}{t^2+1}=1$이므로 $f(-t)+t^3$은 최고차항의 계수가 1인 이차함수이다.

$f(-t)+t^3=t^2+at+b$ (a, b는 상수)라 하면
$$f(-t)=-t^3+t^2+at+b$$
즉, $f(x)=x^3+x^2-ax+b$ ...... ㉠

한편, $\lim_{x\to 2}\dfrac{f(x)}{x^2-4}=3$에서 $x\to 2$일 때, 극한값이 존재하고 (분모)$\to 0$이므로 (분자)$\to 0$이어야 한다. 즉,
$$\lim_{x\to 2}f(x)=\lim_{x\to 2}(x^3+x^2-ax+b)$$
$$=8+4-2a+b=0$$
에서
$$b=2a-12$$

$b=2a-12$를 ㉠에 대입하면
$$f(x)=x^3+x^2-ax+2a-12$$
$$=(x-2)(x^2+3x-a+6)$$

$$\therefore \lim_{x \to 2} \frac{f(x)}{x^2-4} = \lim_{x \to 2} \frac{(x-2)(x^2+3x-a+6)}{(x+2)(x-2)}$$
$$= \lim_{x \to 2} \frac{x^2+3x-a+6}{x+2}$$
$$= \frac{16-a}{4}$$

$\dfrac{16-a}{4}=3$에서 $a=4$

$a=4$를 $b=2a-12$에 대입하여 정리하면 $b=-4$

따라서 $f(x)=x^3+x^2-4x-4$이므로

$f(-1)=-1+1+4-4=0$

062 답 ③

함수 $y=f(x+2)$의 그래프는 함수 $y=f(x)$의 그래프를 x축의 방향으로 -2만큼 평행이동한 것이므로
$$\lim_{x \to 0+} f(x+2) = \lim_{x \to 2+} f(x) = 2$$
함수 $y=f(a-x)$의 그래프는 함수 $y=f(x)$의 그래프를 y축에 대하여 대칭이동한 $y=f(-x)$의 그래프를 다시 x축의 방향으로 a만큼 평행이동한 것이므로
$$\lim_{x \to 0+} f(a-x) = \lim_{x \to 0+} f\{-(x-a)\}$$
$$= \lim_{x \to -a+} f(-x)$$
$$= \lim_{x \to a-} f(x)$$
즉,
$$\lim_{x \to 0+} \{f(x+2)+f(a-x)\} = \lim_{x \to 0+} f(x+2) + \lim_{x \to 0+} f(a-x)$$
$$= \lim_{x \to 2+} f(x) + \lim_{x \to a-} f(x)$$
$$= 2 + \lim_{x \to a-} f(x) = 1$$
에서 $\lim\limits_{x \to a-} f(x) = -1$

함수 $y=f(x)$의 그래프에서
$$\lim_{x \to 0-} f(x)=-1, \ \lim_{x \to 1-} f(x)=-1, \ \lim_{x \to 2-} f(x)=-1$$
따라서 실수 a의 개수는 0, 1, 2의 3이다.

다른 풀이

$\lim\limits_{x \to 0+} f(x+2)$에서 $x+2=t$라 하면

$x \to 0+$일 때, $t \to 2+$이므로
$$\lim_{x \to 0+} f(x+2) = \lim_{t \to 2+} f(t) = \lim_{x \to 2+} f(x) = 2$$
$\lim\limits_{x \to 0+} f(a-x)$에서 $a-x=s$라 하면

$x \to 0+$일 때, $s \to a-$이므로
$$\lim_{x \to 0+} f(a-x) = \lim_{s \to a-} f(s)$$
따라서
$$\lim_{x \to 0+} \{f(x+2)+f(a-x)\}$$
$$= \lim_{x \to 0+} f(x+2) + \lim_{x \to 0+} f(a-x)$$
$$= \lim_{t \to 2+} f(t) + \lim_{s \to a-} f(s)$$
$$= 2 + \lim_{s \to a-} f(s) = 1$$
이므로
$$\lim_{x \to a-} f(x) = \lim_{s \to a-} f(s) = 1-2 = -1$$

063 답 14

조건 (가)에서 $\lim\limits_{x \to \infty} \dfrac{f(x)+2x^3}{x^2-1}=3$이므로 $f(x)+2x^3$은 최고차항의 계수가 3인 이차함수이다.

$f(x)+2x^3=3x^2+ax+b$ (a, b는 상수)라 하면

$f(x)=-2x^3+3x^2+ax+b$

이때 조건 (나)에서 $\lim\limits_{x \to 0} \dfrac{f(x)}{x^2}$의 값이 존재하고
$$\lim_{x \to 0} \frac{f(x)}{x^2} = \lim_{x \to 0} \frac{-2x^3+3x^2+ax+b}{x^2}$$
$$= \lim_{x \to 0} \left(-2x+3+\frac{a}{x}+\frac{b}{x^2}\right)$$
이므로 $a=0, b=0$이어야 한다.

$\therefore f(x)=-2x^3+3x^2$

또한, 조건 (나)에서 $\lim\limits_{x \to 2} \dfrac{g(x)}{f(x-2)}$의 값이 존재하고

$\lim\limits_{x \to 2} f(x-2) = f(0) = 0$, 즉 $x \to 0$일 때 극한값이 존재하고

(분모) $\to 0$이므로 (분자) $\to 0$이어야 한다.

$\therefore \lim\limits_{x \to 2} g(x) = g(2) = 0$ ...... ㉠

한편, $f(1)+g(1)=2$에서

$f(1)=-2+3=1$이므로

$g(1)=2-f(1)=2-1=1$ ...... ㉡

즉, ㉠에서 최고차항의 계수가 1인 이차함수 $g(x)$는 $x-2$를 인수로 가지므로

$g(x)=(x-2)(x-p)$ (p는 상수)라 할 수 있다.

이때 $g(1)=-1\times(1-p)=1$ ($\because$ ㉡)

이므로 $p=2$

$\therefore g(x)=(x-2)^2$

따라서 $f(x)=-2x^3+3x^2$, $g(x)=(x-2)^2$이므로
$$f(-1)+g(-1)=(2+3)+(-3)^2$$
$$=14$$

064 답 ②

두 조건 (가), (나)에서 $x \to -1$, $x \to 0$일 때 극한값이 각각 존재하고 (분모) $\to 0$이므로 (분자) $\to 0$이어야 한다.

이때 $f(x)$가 삼차함수이므로
$$\lim_{x \to -1} \{f(x)+6\} = f(-1)+6 = 0$$
$$\lim_{x \to 0} \{f(x)+6\} = f(0)+6 = 0$$
즉, 삼차함수 $f(x)+6$은 $x+1$, x를 인수로 가지므로

$f(x)+6=x(x+1)(ax+b)$ ($a\neq 0$, a, b는 상수)라 할 수 있다.

조건 (가)에서
$$\lim_{x \to -1} \frac{f(x)+6}{x+1} = \lim_{x \to -1} \frac{x(x+1)(ax+b)}{x+1}$$
$$= \lim_{x \to -1} x(ax+b)$$
$$= a-b$$
이므로

$a-b=2$ ...... ㉠

조건 (나)에서
$$\lim_{x\to 0}\frac{f(x)+6}{x}=\lim_{x\to 0}\frac{x(x+1)(ax+b)}{x}$$
$$=\lim_{x\to 0}(x+1)(ax+b)$$
$$=b$$
이므로
$$b=-1 \quad\cdots\cdots ㉡$$
㉡을 ㉠에 대입하여 풀면
$$a=1$$
따라서 $f(x)=x(x+1)(x-1)-6=x^3-x-6$이므로
$$\lim_{x\to 2}\frac{2f(x)}{x^2-2x}=\lim_{x\to 2}\frac{2(x^3-x-6)}{x^2-2x}$$
$$=\lim_{x\to 2}\frac{2(x-2)(x^2+2x+3)}{x(x-2)}$$
$$=\lim_{x\to 2}\frac{2(x^2+2x+3)}{x}$$
$$=\frac{2\times(4+4+3)}{2}$$
$$=11$$

065 답 ④

직선 OP의 기울기가 $\dfrac{2t^2}{t}=2t$이므로 점 P를 지나고 직선 OP에 수직인 직선의 방정식은
$$y=-\frac{1}{2t}(x-t)+2t^2$$
$$\therefore y=-\frac{1}{2t}x+2t^2+\frac{1}{2}$$
이 직선이 y축과 만나는 점 Q의 좌표가 $\left(0,\,2t^2+\dfrac{1}{2}\right)$이므로
$$\overline{OQ}=2t^2+\frac{1}{2}$$
$$\therefore \lim_{t\to 0+}\overline{OQ}=\lim_{t\to 0+}\left(2t^2+\frac{1}{2}\right)=\frac{1}{2}$$
한편, $\overline{OP}=\sqrt{t^2+(2t^2)^2}=\sqrt{4t^4+t^2}$이므로
직각삼각형 OPQ에서
$$\overline{PQ}^2=\overline{OQ}^2-\overline{OP}^2$$
$$=\left(2t^2+\frac{1}{2}\right)^2-\left(\sqrt{4t^4+t^2}\right)^2$$
$$=4t^4+2t^2+\frac{1}{4}-(4t^4+t^2)=t^2+\frac{1}{4}$$
$$\therefore \lim_{t\to\infty}\frac{\overline{PQ}^2}{\overline{OP}}=\lim_{t\to\infty}\frac{t^2+\frac{1}{4}}{\sqrt{4t^4+t^2}}$$
$$=\lim_{t\to\infty}\frac{1+\frac{1}{4t^2}}{\sqrt{4+\frac{1}{t^2}}}$$
$$=\frac{1+0}{\sqrt{4+0}}$$
$$=\frac{1}{2}$$
$$\therefore \lim_{t\to 0+}\overline{OQ}+\lim_{t\to\infty}\frac{\overline{PQ}^2}{\overline{OP}}=\frac{1}{2}+\frac{1}{2}=1$$

066 답 ④

함수 $f(x)g(x)$가 실수 전체의 집합에서 연속이려면 $x=0$에서 연속인 동시에 $x=a$에서 연속이어야 한다.

(i) $a<0$일 때
$$\lim_{x\to 0+}f(x)g(x)=\lim_{x\to 0+}(-2x+2)\times\lim_{x\to 0+}(2x-1)$$
$$=2\times(-1)=-2$$
$$\lim_{x\to 0-}f(x)g(x)=\lim_{x\to 0-}(-2x+3)\times\lim_{x\to 0-}(2x-1)$$
$$=3\times(-1)=-3$$
$$f(0)g(0)=2\times(-1)=-2$$
즉, 함수 $f(x)g(x)$는 $x=0$에서 불연속이므로 $x=a$에서의 연속에 관계 없이 조건을 만족시키지 않는다.

(ii) $a=0$일 때
$$\lim_{x\to 0+}f(x)g(x)=\lim_{x\to 0+}(-2x+2)\times\lim_{x\to 0+}(2x-1)$$
$$=2\times(-1)=-2$$
$$\lim_{x\to 0-}f(x)g(x)=\lim_{x\to 0-}(-2x+3)\times\lim_{x\to 0-}2x$$
$$=3\times 0=0$$
$$f(0)g(0)=2\times(-1)=-2$$
즉, 함수 $f(x)g(x)$는 $x=0$, $x=a$에서 불연속이다.

(iii) $a>0$일 때
$$\lim_{x\to 0+}f(x)g(x)=\lim_{x\to 0+}(-2x+2)\times\lim_{x\to 0+}2x=2\times 0=0$$
$$\lim_{x\to 0-}f(x)g(x)=\lim_{x\to 0-}(-2x+3)\times\lim_{x\to 0-}2x=3\times 0=0$$
$$f(0)g(0)=2\times 0=0$$
즉, 함수 $f(x)g(x)$는 $x=0$에서 연속이다.
또한, 함수 $f(x)g(x)$가 $x=a$에서 연속이어야 하므로
$$\lim_{x\to a+}f(x)g(x)=\lim_{x\to a-}f(x)g(x)=f(a)g(a)$$
이어야 한다. 이때
$$\lim_{x\to a+}f(x)g(x)=\lim_{x\to a+}(-2x+2)\times\lim_{x\to a+}(2x-1)$$
$$=(-2a+2)(2a-1)$$
$$\lim_{x\to a-}f(x)g(x)=\lim_{x\to a-}(-2x+2)\times\lim_{x\to a-}2x$$
$$=2a(-2a+2)$$
$$f(a)g(a)=(-2a+2)(2a-1)$$
이므로 $2a(-2a+2)=(-2a+2)(2a-1)$이 성립하려면
$$-2a+2=0 \quad\therefore a=1$$
(i), (ii), (iii)에서 함수 $f(x)g(x)$가 실수 전체의 집합에서 연속이 되도록 하는 상수 a의 값은 1이다.

067 답 ①

함수 $y=|x^2-4|$의 그래프는 다음 그림과 같다.

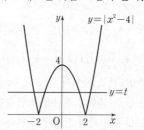

이때 함수 $f(t)$와 함수 $y=f(t)$의 그래프는 다음과 같다.

$$f(t)=\begin{cases} 0 & (t<0) \\ 2 & (t=0) \\ 4 & (0<t<4) \\ 3 & (t=4) \\ 2 & (t>4) \end{cases}$$

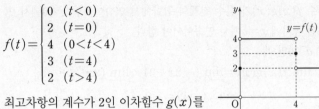

최고차항의 계수가 2인 이차함수 $g(x)$를
$$g(x)=2x^2+ax+b \ (a,\ b는 상수)$$
라 하자.

함수 $f(x)$는 $x\neq 0$, $x\neq 4$인 모든 실수 x에서 연속이고 함수
$g(x)=2x^2+ax+b$는 모든 실수 x에서 연속이므로 함수 $f(x)g(x)$
가 실수 전체의 집합에서 연속이려면 함수 $f(x)g(x)$는 $x=0$,
$x=4$에서 연속이어야 한다.

(ⅰ) $x=0$에서 연속일 때

함수 $f(x)g(x)$가 $x=0$에서 연속이려면
$$\lim_{x\to 0+}f(x)g(x)=\lim_{x\to 0-}f(x)g(x)=f(0)g(0)$$
이어야 한다.

이때
$$\lim_{x\to 0+}f(x)g(x)=4\times b=4b,$$
$$\lim_{x\to 0-}f(x)g(x)=0\times b=0,$$
$$f(0)g(0)=2\times b=2b$$
이므로 $0=4b=2b$에서 $b=0$

(ⅱ) $x=4$에서 연속일 때

함수 $f(x)g(x)$가 $x=4$에서 연속이려면
$$\lim_{x\to 4+}f(x)g(x)=\lim_{x\to 4-}f(x)g(x)=f(4)g(4)$$
이어야 한다.

이때
$$\lim_{x\to 4+}f(x)g(x)=2\times(32+4a),$$
$$\lim_{x\to 4-}f(x)g(x)=4\times(32+4a),$$
$$f(4)g(4)=3\times(32+4a)$$
이므로 $4(32+4a)=2(32+4a)=3(32+4a)$에서
$$a=-8$$

(ⅰ), (ⅱ)에서 $g(x)=2x^2-8x$이므로
$$g(1)=2-8=-6$$

068 답 ②

조건 (가)에서
$$\lim_{x\to 0-}f(x)-\lim_{x\to 0+}f(x)=a-(-a)=2a=-8$$
이므로 $a=-4$
$$\therefore f(x)=\begin{cases} -x^2-2x-4 & (x\le 0) \\ \dfrac{1}{2}x+4 & (x>0) \end{cases}$$

이때 $\lim\limits_{x\to 0+}|f(x)|=4$, $\lim\limits_{x\to 0-}|f(x)|=4$, $|f(0)|=4$이므로
함수 $|f(x)|$는 $x=0$에서 연속이다.

즉, 함수 $|f(x)|$는 실수 전체의 집합에서 연속이므로
함수 $|f(x)|+k$도 실수 전체의 집합에서 연속이다.

조건 (나)에서 모든 실수 x에 대하여
$f(x)g(x)=|f(x)|+k$이므로 함수 $f(x)g(x)$도 실수 전체의 집
합에서 연속이어야 한다.

그런데 $\lim\limits_{x\to 0+}f(x)=4$, $\lim\limits_{x\to 0-}f(x)=-4$이므로 함수 $f(x)$는
$x=0$에서 불연속이고, 함수 $g(x)$는 실수 전체의 집합에서 연속
이므로 함수 $f(x)g(x)$가 실수 전체의 집합에서 연속이려면 함수
$f(x)g(x)$가 $x=0$에서 연속이어야 한다.

이때
$$\lim_{x\to 0+}f(x)g(x)=4g(0),$$
$$\lim_{x\to 0-}f(x)g(x)=-4g(0),$$
$$f(0)g(0)=-4g(0)$$
이므로 $-4g(0)=4g(0)$에서
$$g(0)=0$$

조건 (나)에서 $f(0)g(0)=|f(0)|+k$이므로
$$-4\times 0=4+k \qquad \therefore k=-4$$

기출문제로 개념 확인하기

본문 35쪽

069 답 ③

$f(x)=2x^2-x$에서

$f'(x)=4x-1$, $f(1)=1$이므로

$$\lim_{x\to 1}\frac{f(x)-1}{x-1}=\lim_{x\to 1}\frac{f(x)-f(1)}{x-1}$$
$$=f'(1)$$
$$=4-1=3$$

070 답 ①

$f(x)=x^3-2x-7$에서

$f'(x)=3x^2-2$

$\therefore f'(1)=3-2=1$

071 답 10

$f(x)=2x^2+ax+3$에서

$f'(x)=4x+a$

이때 $f'(2)=18$이므로

$8+a=18$ $\therefore a=10$

072 답 ④

$f(x)=x^2-2x+3$에서

$f'(x)=2x-2$이므로

$$\lim_{h\to 0}\frac{f(3+h)-f(3)}{h}=f'(3)=4$$

073 답 ③

$g(x)=(x^2+3)f(x)$에서

$g'(x)=2xf(x)+(x^2+3)f'(x)$

$\therefore g'(1)=2f(1)+4f'(1)=2\times 2+4\times 1=8$

074 답 10

$f(x)=x^3-6x^2+6$이라 하면

$f'(x)=3x^2-12x$

곡선 $y=f(x)$ 위의 점 $(1, 1)$에서의 접선의 기울기는 $f'(1)=-9$

이므로 접선의 방정식은

$y-1=-9(x-1)$ $\therefore y=-9x+10$

따라서 이 접선이 점 $(0, a)$를 지나므로

$a=10$

075 답 ①

함수 $f(x)$가 $x=3$에서 극대이므로 $f'(3)=0$

$f(x)=-\dfrac{1}{3}x^3+2x^2+mx+1$에서

$f'(x)=-x^2+4x+m$

$f'(3)=-9+12+m=m+3=0$

$\therefore m=-3$

076 답 15

$f(x)=4x^3-12x+7$이라 하면

$f'(x)=12x^2-12=12(x+1)(x-1)$

$f'(x)=0$에서 $x=-1$ 또는 $x=1$

함수 $f(x)$의 증가와 감소를 표로 나타내면 다음과 같다.

x	$\cdots$	-1	$\cdots$	1	$\cdots$
$f'(x)$	$+$	0	$-$	0	$+$
$f(x)$	$\nearrow$	15	$\searrow$	-1	$\nearrow$

즉, 함수 $y=f(x)$의 그래프는 오른쪽 그림과 같다.

따라서 함수 $y=f(x)$의 그래프와 직선 $y=k$가 만나는 점의 개수가 2가 되도록 하는 양수 k의 값은 15이다.

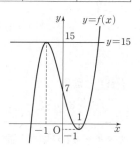

유형별 문제로 수능 대비하기

본문 36~55쪽

077 답 ⑤

x의 값이 1에서 $1+h$까지 변할 때의 함수 $f(x)$의 평균변화율이 h^2+2h+3이므로

$$\frac{f(1+h)-f(1)}{(1+h)-1}=\frac{f(1+h)-f(1)}{h}=h^2+2h+3$$

따라서 $\lim\limits_{h\to 0}\dfrac{f(1+h)-f(1)}{h}=f'(1)$이므로

$f'(1)=\lim\limits_{h\to 0}(h^2+2h+3)=3$

078 답 ④

x의 값이 1에서 4까지 변할 때의 함수 $f(x)$의 평균변화율이 3이므로

$\dfrac{f(4)-f(1)}{4-1}=3$이고, $f'(3)=3$이므로

$$\lim_{h\to 0}\frac{h\{f(4)-f(1)\}^2}{f(3+2h)-f(3)}$$

$$=\lim_{h\to 0}\left[\frac{9}{2}\times\frac{2h}{f(3+2h)-f(3)}\times\left\{\frac{f(4)-f(1)}{4-1}\right\}^2\right]$$

$$=\frac{9}{2}\times\frac{1}{f'(3)}\times 3^2=\frac{27}{2}$$

079 답 2

$$\lim_{x\to 3}\frac{f(x)}{x^2-9}=\frac{1}{3}\quad\cdots\cdots\ \bigcirc$$

에서 $x\to 3$일 때, 극한값이 존재하고 (분모) $\to 0$이므로
(분자) $\to 0$이어야 한다.

즉, $\lim_{x\to 3}f(x)=0$이고 다항함수 $f(x)$는 연속이므로

$f(3)=0$

$\bigcirc$에서

$$\lim_{x\to 3}\frac{f(x)}{x^2-9}=\lim_{x\to 3}\frac{f(x)-f(3)}{(x-3)(x+3)}$$

$$=\lim_{x\to 3}\frac{f(x)-f(3)}{x-3}\times\lim_{x\to 3}\frac{1}{x+3}$$

$$=f'(3)\times\frac{1}{6}=\frac{1}{3}$$

이므로 $f'(3)=2$

$$\therefore\ \lim_{h\to 0}\frac{f(3+h)}{h}=\lim_{h\to 0}\frac{f(3+h)-f(3)}{h}$$

$$=f'(3)=2$$

080 답 ②

$$\lim_{h\to 0}\frac{f(2+3h)+2}{h}=3\quad\cdots\cdots\ \bigcirc$$

에서 $h\to 0$일 때, 극한값이 존재하고 (분모) $\to 0$이므로
(분자) $\to 0$이어야 한다.

즉, $\lim_{h\to 0}\{f(2+3h)+2\}=0$이고 다항함수 $f(x)$는 연속이므로

$f(2)+2=0$

$\therefore\ f(2)=-2$

$\bigcirc$에서

$$\lim_{h\to 0}\frac{f(2+3h)+2}{h}=\lim_{h\to 0}\left\{3\times\frac{f(2+3h)-f(2)}{3h}\right\}$$

$$=3f'(2)=3$$

이므로 $f'(2)=1$

$$\therefore\ \lim_{x\to 1}\frac{xf(2)-f(2x)}{x-1}$$

$$=\lim_{x\to 1}\frac{xf(2)-f(2)+f(2)-f(2x)}{x-1}$$

$$=\lim_{x\to 1}\left\{\frac{xf(2)-f(2)}{x-1}-\frac{f(2x)-f(2)}{x-1}\right\}$$

$$=\lim_{x\to 1}\left\{\frac{(x-1)f(2)}{x-1}-2\times\frac{f(2x)-f(2)}{2x-2}\right\}$$

$$=\lim_{x\to 1}f(2)-2\lim_{x\to 1}\frac{f(2x)-f(2)}{2x-2}$$

$$=f(2)-2f'(2)$$

$$=-2-2\times 1=-4$$

081 답 ①

$$\lim_{h\to 0}\frac{f(a+2h)-f(a)+g(h)}{h}=0\quad\cdots\cdots\ \bigcirc$$

에서 $h\to 0$일 때, 극한값이 존재하고 (분모) $\to 0$이므로
(분자) $\to 0$이어야 한다.

즉, $\lim_{h\to 0}\{f(a+2h)-f(a)+g(h)\}=0$이어야 하므로

$\lim_{h\to 0}g(h)=0$이고 다항함수 $g(x)$는 연속이므로

$g(0)=0$

$\bigcirc$에서

$$\lim_{h\to 0}\frac{f(a+2h)-f(a)+g(h)}{h}$$

$$=\lim_{h\to 0}\frac{\{f(a+2h)-f(a)\}+\{g(h)-g(0)\}}{h}$$

$$=2\lim_{h\to 0}\frac{f(a+2h)-f(a)}{2h}+\lim_{h\to 0}\frac{g(h)-g(0)}{h}$$

$$=2f'(a)+g'(0)=0$$

이므로 $g'(0)=-2f'(a)=-2$

082 답 ②

$f(x)=x^3-4ax^2+3a^2x$에서

$f(2a)-f(-a)=8a^3-16a^3+6a^3-(-a^3-4a^3-3a^3)=6a^3$

이므로

$$M(a)=\frac{f(2a)-f(-a)}{2a-(-a)}=\frac{6a^3}{3a}=2a^2$$

$M(a)<100$에서 $2a^2<100$, $a^2<50$

$\therefore\ -5\sqrt{2}<a<0$ 또는 $0<a<5\sqrt{2}\ (\because\ a\neq 0)$

따라서 구하는 정수 a의 개수는

$-7,\ -6,\ \cdots,\ -1,\ 1,\ 2,\ \cdots,\ 6,\ 7$의 14이다.

083 답 ④

함수 $f(x)$가 실수 전체의 집합에서 미분가능하므로 $x=1$에서도
미분가능하다.

(i) 함수 $f(x)$가 $x=1$에서 연속이어야 하므로

$\quad\lim_{x\to 1+}f(x)=\lim_{x\to 1-}f(x)=f(1)$이어야 한다.

$\quad$즉,

$\quad\lim_{x\to 1+}f(x)=\lim_{x\to 1+}(bx+4)=b+4,$

$\quad\lim_{x\to 1-}f(x)=\lim_{x\to 1-}(x^3+ax+b)=1+a+b,$

$\quad f(1)=b+4$

$\quad$에서 $b+4=1+a+b$

$\quad\therefore\ a=3$

(ii) 미분계수 $f'(1)$이 존재해야 하므로

$$\lim_{x\to 1+}\frac{f(x)-f(1)}{x-1}=\lim_{x\to 1+}\frac{(bx+4)-(b+4)}{x-1}$$

$$=\lim_{x\to 1+}\frac{b(x-1)}{x-1}$$

$$=\lim_{x\to 1+}b=b$$

$$\lim_{x \to 1-} \frac{f(x)-f(1)}{x-1} = \lim_{x \to 1-} \frac{(x^3+ax+b)-(b+4)}{x-1}$$
$$= \lim_{x \to 1-} \frac{x^3+ax-4}{x-1}$$
$$= \lim_{x \to 1-} \frac{x^3+3x-4}{x-1}$$
$$= \lim_{x \to 1-} \frac{(x-1)(x^2+x+4)}{x-1}$$
$$= \lim_{x \to 1-} (x^2+x+4)=6$$

에서 $b=6$

(i), (ii)에서 $a+b=3+6=9$

084 답 ④

함수 $f(x)$가 실수 전체의 집합에서 미분가능하므로 $x=0$에서도 미분가능하다.

(i) 함수 $f(x)$가 $x=0$에서 연속이어야 하므로

$\lim_{x \to 0+} f(x)=\lim_{x \to 0-} f(x)=f(0)$이어야 한다. 즉,

$$\lim_{x \to 0+} f(x)=\lim_{x \to 0+} \{x^2+(a^2-3a)x+a^2\}=a^2,$$
$$\lim_{x \to 0-} f(x)=\lim_{x \to 0-} 4(x+a)=4a,$$
$$f(0)=a^2$$

에서

$$a^2=4a, \ a^2-4a=0$$
$$a(a-4)=0 \quad \therefore a=0 \ \text{또는} \ a=4$$

(ii) 미분계수 $f'(0)$이 존재해야 하므로

$$\lim_{h \to 0+} \frac{f(h)-f(0)}{h}$$
$$=\lim_{h \to 0+} \frac{h^2+(a^2-3a)h+a^2-a^2}{h}$$
$$=\lim_{h \to 0+} \frac{h^2+(a^2-3a)h}{h}$$
$$=\lim_{h \to 0+} (h+a^2-3a)=a^2-3a$$
$$\lim_{h \to 0-} \frac{f(h)-f(0)}{h}=\lim_{h \to 0-} \frac{4(h+a)-a^2}{h}$$
$$=\lim_{h \to 0-} \frac{4(h+a)-4a}{h} \ (\because a^2=4a)$$
$$=\lim_{h \to 0-} \frac{4h}{h}=4$$

에서

$$a^2-3a=4, \ (a+1)(a-4)=0$$
$$\therefore a=-1 \ \text{또는} \ a=4$$

(i), (ii)에서 $a=4$

085 답 ②

함수 $f(x)$가 실수 전체의 집합에서 미분가능하므로 $x=3$에서도 미분가능하다.

(i) 함수 $f(x)$가 $x=3$에서 연속이어야 하므로

$\lim_{x \to 3+} f(x)=\lim_{x \to 3-} f(x)=f(3)$이어야 한다. 즉,

$$\lim_{x \to 3+} f(x)=\lim_{x \to 3+} (x^3-12x)=27-36=-9,$$
$$\lim_{x \to 3-} f(x)=\lim_{x \to 3-} (ax^2+bx)=9a+3b,$$
$$f(3)=27-36=-9$$

에서 $-9=9a+3b$

$$\therefore b=-3a-3 \quad \cdots\cdots \text{㉠}$$

(ii) 미분계수 $f'(3)$이 존재해야 하므로

$$\lim_{x \to 3+} \frac{f(x)-f(3)}{x-3}=\lim_{x \to 3+} \frac{(x^3-12x)-(-9)}{x-3}$$
$$=\lim_{x \to 3+} \frac{(x-3)(x^2+3x-3)}{x-3}$$
$$=\lim_{x \to 3+} (x^2+3x-3)=15$$
$$\lim_{x \to 3-} \frac{f(x)-f(3)}{x-3}=\lim_{x \to 3-} \frac{(ax^2+bx)-(-9)}{x-3}$$
$$=\lim_{x \to 3-} \frac{ax^2+(-3a-3)x+9}{x-3} \ (\because \text{㉠})$$
$$=\lim_{x \to 3-} \frac{(x-3)(ax-3)}{x-3}$$
$$=\lim_{x \to 3-} (ax-3)=3a-3$$

에서 $15=3a-3$

$$\therefore a=6 \quad \cdots\cdots \text{㉡}$$

㉡을 ㉠에 대입하여 정리하면

$$b=-21$$

따라서 $x<3$에서

$f(x)=6x^2-21x$이므로

$$f(1)=6-21=-15$$

086 답 ②

$f(x)=|x-1|$에서

$$f(x)=\begin{cases} -x+1 & (x<1) \\ x-1 & (x \geq 1) \end{cases}$$

이므로

$h(x)=f(x)g(x)$라 하면

$$h(x)=\begin{cases} (-x+1)(x+1) & (x<1) \\ (x-1)(2x+a) & (x \geq 1) \end{cases}$$

이때 함수 $h(x)$가 실수 전체의 집합에서 미분가능하므로 $x=1$에서도 미분가능하다.

함수 $h(x)$는 $x=1$에서 연속이므로

$$\lim_{x \to 1+} h(x)=\lim_{x \to 1-} h(x)=h(1)=0$$

또한, 미분계수 $f'(1)$이 존재하므로

$$\lim_{x \to 1+} \frac{h(x)-h(1)}{x-1}=\lim_{x \to 1+} \frac{(x-1)(2x+a)-0}{x-1}$$
$$=\lim_{x \to 1+} (2x+a)=2+a$$
$$\lim_{x \to 1-} \frac{h(x)-h(1)}{x-1}=\lim_{x \to 1-} \frac{(-x+1)(x+1)-0}{x-1}$$
$$=\lim_{x \to 1-} (-x-1)=-2$$

에서 $2+a=-2$

$$\therefore a=-4$$

다른 풀이

함수 $h(x)$가 실수 전체의 집합에서 미분가능하므로

$$h(x) = \begin{cases} (-x+1)(x+1) & (x<1) \\ (x-1)(2x+a) & (x \geq 1) \end{cases}$$

$$= \begin{cases} -x^2+1 & (x<1) \\ 2x^2+(a-2)x-a & (x \geq 1) \end{cases}$$

에서

$$h'(x) = \begin{cases} -2x & (x<1) \\ 4x+a-2 & (x>1) \end{cases}$$

이때 $\lim\limits_{x \to 1+} h'(x) = \lim\limits_{x \to 1-} h'(x)$에서

$$\lim\limits_{x \to 1+}(4x+a-2) = \lim\limits_{x \to 1-}(-2x)$$

$$4+a-2 = -2$$

$$\therefore a = -4$$

087 답 ④

$f(x)$가 최고차항의 계수가 1인 이차함수이므로

$f(x) = x^2+ax+b$ $(a, b$는 상수$)$라 하면

$$g(x) = \begin{cases} -x^2-ax-b & (x<1) \\ x^2+ax+b & (x \geq 1) \end{cases}$$

(i) 함수 $g(x)$가 $x=1$에서 연속이어야 하므로

$\lim\limits_{x \to 1+} g(x) = \lim\limits_{x \to 1-} g(x) = g(1)$이어야 한다. 즉,

$$\lim\limits_{x \to 1+} g(x) = \lim\limits_{x \to 1+}(x^2+ax+b)$$
$$= 1+a+b$$
$$\lim\limits_{x \to 1-} g(x) = \lim\limits_{x \to 1-}(-x^2-ax-b)$$
$$= -1-a-b$$
$$g(1) = 1+a+b$$

에서 $1+a+b = -1-a-b$

$$\therefore a+b = -1 \quad \cdots\cdots \text{㉠}$$

즉, $g(1) = 0$

(ii) 미분계수 $g'(1)$이 존재해야 하므로

$$\lim\limits_{x \to 1+} \frac{g(x)-g(1)}{x-1} = \lim\limits_{x \to 1+} \frac{(x^2+ax+b)-0}{x-1}$$
$$= \lim\limits_{x \to 1+} \frac{(x^2-1)+a(x-1)}{x-1} \ (\because \ \text{㉠})$$
$$= \lim\limits_{x \to 1+} \frac{(x-1)(x+1)+a(x-1)}{x-1}$$
$$= \lim\limits_{x \to 1+}(x+1+a) = 2+a$$

$$\lim\limits_{x \to 1-} \frac{g(x)-g(1)}{x-1} = \lim\limits_{x \to 1-} \frac{(-x^2-ax-b)-0}{x-1}$$
$$= \lim\limits_{x \to 1-} \frac{-(x^2-1)-a(x-1)}{x-1} \ (\because \ \text{㉠})$$
$$= \lim\limits_{x \to 1-} \frac{-(x+1)(x-1)-a(x-1)}{x-1}$$
$$= \lim\limits_{x \to 1-}(-x-1-a) = -2-a$$

에서 $2+a = -2-a$

$$\therefore a = -2 \quad \cdots\cdots \text{㉡}$$

㉡을 ㉠에 대입하여 정리하면 $b=1$

$$\therefore f(x) = x^2-2x+1$$

따라서 $x \geq 1$에서

$g(x) = x^2-2x+1$이므로

$$g(2) = 4-4+1 = 1$$

088 답 ②

삼차함수 $f(x)$를

$f(x) = ax^3+bx^2+cx+d$ $(a \neq 0,\ a,\ b,\ c,\ d$는 상수$)$

라 하면

$f(0) = 0$에서 $d=0$

$$f'(0) = \lim\limits_{h \to 0} \frac{f(h+0)-f(0)}{h} = \lim\limits_{h \to 0} \frac{f(h)}{h}$$

에서

$$f'(0) = \lim\limits_{h \to 0} \frac{ah^3+bh^2+ch}{h}$$
$$= \lim\limits_{h \to 0}(ah^2+bh+c)$$
$$= 0+0+c = 0$$

이므로 $c=0$

즉, 삼차함수 $f(x)$를

$f(x) = ax^3+bx^2$

라 할 수 있다.

(i) 함수 $g(x)$가 $x=4$에서 연속이어야 하므로

$\lim\limits_{x \to 4+} g(x) = \lim\limits_{x \to 4-} g(x) = g(4)$이어야 한다. 즉,

$$\lim\limits_{x \to 4+} g(x) = \lim\limits_{x \to 4+}(x^2-8x) = 16-32 = -16,$$
$$\lim\limits_{x \to 4-} g(x) = \lim\limits_{x \to 4-}(ax^3+bx^2) = 64a+16b,$$
$$f(4) = -16$$

에서 $-16 = 64a+16b$

$$\therefore b = -4a-1 \quad \cdots\cdots \text{㉠}$$

(ii) 미분계수 $g'(4)$가 존재해야 하므로

$$\lim\limits_{x \to 4+} \frac{g(x)-g(4)}{x-4} = \lim\limits_{x \to 4+} \frac{(x^2-8x)-(-16)}{x-4}$$
$$= \lim\limits_{x \to 4+} \frac{(x-4)^2}{x-4} = 0$$

$$\lim\limits_{x \to 4-} \frac{g(x)-g(4)}{x-4} = \lim\limits_{x \to 4-} \frac{(ax^3+bx^2)-(-16)}{x-4}$$
$$= \lim\limits_{x \to 4-} \frac{ax^3-(4a+1)x^2+16}{x-4} \ (\because \ \text{㉠})$$
$$= \lim\limits_{x \to 4-} \frac{(x-4)(ax^2-x-4)}{x-4}$$
$$= \lim\limits_{x \to 4-}(ax^2-x-4)$$
$$= 16a-4-4 = 16a-8$$

에서 $0 = 16a-8$ $\quad \therefore a = \dfrac{1}{2} \quad \cdots\cdots \text{㉡}$

㉡을 ㉠에 대입하여 정리하면

$b = -3$

따라서

$f(x) = \dfrac{1}{2}x^3-3x^2$이므로

$$f(1) = \frac{1}{2}-3 = -\frac{5}{2}$$

089 답 ③

$g(x)=x^2f(x)$에서

$g'(x)=2xf(x)+x^2f'(x)$이므로

$g'(2)=4f(2)+4f'(2)$

$\qquad=4\times1+4\times3=16$

090 답 ④

$f(x)=2x^3+x^2+ax$에서

$f'(x)=6x^2+2x+a$

$\displaystyle\lim_{h\to0}\frac{f(1+h)-f(1)}{h}=f'(1)=10$이므로

$f'(1)=6+2+a=10$

$\therefore a=2$

091 답 ③

$g(x)=(x^2+ax)f(x)$에서

$g'(x)=(2x+a)f(x)+(x^2+ax)f'(x)$

위의 식의 양변에 $x=-1$을 대입하면

$g'(-1)=(-2+a)f(-1)+(1-a)f'(-1)$

$\qquad=(-2+a)\times3+(1-a)\times(-2)$

$\qquad=5a-8=2$

$\therefore a=2$

092 답 ④

$g(x)=(x^2+3x)f(x)$의 양변에 $x=1$을 대입하면

$g(1)=4f(1)=8$

$\therefore f(1)=2$

또한, $g(x)=(x^2+3x)f(x)$에서

$g'(x)=(2x+3)f(x)+(x^2+3x)f'(x)$

위의 식의 양변에 $x=1$을 대입하면

$g'(1)=5f(1)+4f'(1)$

즉,

$4f'(1)=g'(1)-5f(1)=18-5\times2=8$

$\therefore f'(1)=2$

093 답 ②

$(x^2-x+3)f(x)=x^3+2x+3$의 양변에 $x=1$을 대입하면

$3f(1)=6$ $\qquad\therefore f(1)=2$

또한, $(x^2-x+3)f(x)=x^3+2x+3$에서

$(2x-1)f(x)+(x^2-x+3)f'(x)=3x^2+2$

위의 식의 양변에 $x=1$을 대입하면

$f(1)+3f'(1)=5$

$2+3f'(1)=5$

$\therefore f'(1)=-1$

094 답 ③

$\displaystyle\lim_{h\to0}\frac{f(x+h)-f(x-h)}{h}$

$=\displaystyle\lim_{h\to0}\frac{\{f(x+h)-f(x)\}-\{f(x-h)-f(x)\}}{h}$

$=\displaystyle\lim_{h\to0}\frac{f(x+h)-f(x)}{h}+\lim_{h\to0}\frac{f(x-h)-f(x)}{-h}$

$=f'(x)+f'(x)=2f'(x)$

따라서 $2f'(x)=2x^3-6x^2-8x$에서

$f'(x)=x^3-3x^2-4x$이므로

$f'(-2)=-8-12+8=-12$

095 답 ②

$f(x)=x^3+2x+5$에서 $f'(x)=3x^2+2$이므로

$f(1)=8,\ f'(1)=5$

$\displaystyle\lim_{x\to1}\frac{g(x)+4}{x^2-1}=2$에서 $x\to1$일 때, 극한값이 존재하고

(분모) $\to0$이므로 (분자) $\to0$이어야 한다.

즉, $\displaystyle\lim_{x\to1}\{g(x)+4\}=0$이고 다항함수 $g(x)$는 연속함수이므로

$g(1)+4=0$ $\qquad\therefore g(1)=-4$

이때

$\displaystyle\lim_{x\to1}\frac{g(x)+4}{x^2-1}=\lim_{x\to1}\frac{g(x)-g(1)}{x^2-1}$

$\qquad=\displaystyle\lim_{x\to1}\left\{\frac{g(x)-g(1)}{x-1}\times\frac{1}{x+1}\right\}$

$\qquad=\dfrac{1}{2}g'(1)=2$

에서 $g'(1)=4$

따라서 $h(x)=f(x)g(x)$에서

$h'(x)=f'(x)g(x)+f(x)g'(x)$이므로

$h'(1)=f'(1)g(1)+f(1)g'(1)$

$\qquad=5\times(-4)+8\times4=12$

096 답 ①

주어진 식에 $x=0,\ y=0$을 대입하면

$f(0+0)=f(0)+f(0)$ $\qquad\therefore f(0)=0$

함수 $f(x)$가 실수 전체의 집합에서 미분가능하므로

$f'(x)=\displaystyle\lim_{h\to0}\frac{f(x+h)-f(x)}{h}$

$\qquad=\displaystyle\lim_{h\to0}\frac{f(x)+f(h)+4xh-f(x)}{h}$

$\qquad=\displaystyle\lim_{h\to0}\frac{f(h)+4xh}{h}$

$\qquad=\displaystyle\lim_{h\to0}\left\{\frac{f(h)}{h}+4x\right\}$

$\qquad=\displaystyle\lim_{h\to0}\frac{f(h+0)-f(0)}{h}+4x$

$\qquad=f'(0)+4x$

따라서 $f'(3)=f'(0)+12$에서
$f'(3)-f'(0)=12$

097 답 ②

$\lim_{x \to 3}\dfrac{f(x)-5}{x^2-3x}=2$에서 $x \to 3$일 때, 극한값이 존재하고
(분모) $\to$ 0이므로 (분자) $\to$ 0이어야 한다.
즉, $\lim_{x \to 3}\{f(x)-5\}=0$이고 다항함수 $f(x)$는 연속이므로
$f(3)-5=0$ $\therefore f(3)=5$
이때
$$\lim_{x \to 3}\dfrac{f(x)-5}{x^2-3x}=\lim_{x \to 3}\left\{\dfrac{1}{x}\times\dfrac{f(x)-f(3)}{x-3}\right\}$$
$$=\dfrac{1}{3}f'(3)=2$$
에서 $f'(3)=6$
또한, $\lim_{x \to 3}\dfrac{g(x)+3}{x^2-9}=2$에서 $x \to 3$일 때, 극한값이 존재하고
(분모) $\to$ 0이므로 (분자) $\to$ 0이어야 한다.
즉, $\lim_{x \to 3}\{g(x)+3\}=0$이고 다항함수 $g(x)$는 연속이므로
$g(3)+3=0$ $\therefore g(3)=-3$
이때
$$\lim_{x \to 3}\dfrac{g(x)+3}{x^2-9}=\lim_{x \to 3}\left\{\dfrac{1}{x+3}\times\dfrac{g(x)-g(3)}{x-3}\right\}$$
$$=\dfrac{1}{6}g'(3)=2$$
에서 $g'(3)=12$
따라서 함수 $h(x)=f(x)g(x)$에서
$h'(x)=f'(x)g(x)+f(x)g'(x)$이므로
$h'(3)=f'(3)g(3)+f(3)g'(3)$
$\quad\quad=6\times(-3)+5\times12=42$

098 답 ④

$f(x)=x^3-x+2$라 하면
$f'(x)=3x^2-1$
접점의 좌표를 $(t,\ t^3-t+2)$라 하면 접선의 기울기는
$f'(t)=3t^2-1$
이므로 접선의 방정식은
$y-(t^3-t+2)=(3t^2-1)(x-t)$
이 직선이 점 $(0,\ 4)$를 지나므로
$4-(t^3-t+2)=(3t^2-1)\times(-t)$
$2t^3+2=0,\ 2(t+1)(t^2-t+1)=0$
$\therefore t=-1\ (\because t$는 실수$)$
따라서 접선의 방정식은
$y-2=2(x+1)$, 즉 $y=2x+4$
이므로 이 접선의 x절편은
$0=2x+4$
$\therefore x=-2$

099 답 ②

$\lim_{x \to 1}\dfrac{f(x)-3}{x-1}=4$에서 $x \to 1$일 때, 극한값이 존재하고
(분모) $\to$ 0이므로 (분자) $\to$ 0이어야 한다.
즉, $\lim_{x \to 1}\{f(x)-3\}=0$이고 실수 전체의 집합에서 미분가능한
함수 $f(x)$는 연속이므로
$f(1)-3=0$ $\therefore f(1)=3$
$\therefore \lim_{x \to 1}\dfrac{f(x)-3}{x-1}=\lim_{x \to 1}\dfrac{f(x)-f(1)}{x-1}$
$\quad\quad\quad\quad\quad\quad\quad=f'(1)=4$
따라서 곡선 $y=f(x)$ 위의 점 $(1,\ f(1))$에서의 접선의 방정식은
$y-3=4(x-1)$
$\therefore y=4x-1$
따라서 $a=4,\ b=-1$이므로
$a^2+b^2=4^2+(-1)^2=17$

100 답 ④

$f(x)=-x^3+4x+1$이라 하면
$f'(x)=-3x^2+4$
곡선 $y=f(x)$ 위의 점 $(0,\ 1)$에서의 접선의 기울기는
$f'(0)=4$
이므로 이 접선에 수직인 직선의 기울기는 $-\dfrac{1}{4}$이다.
즉, 기울기가 $-\dfrac{1}{4}$이고 점 $(4,\ 3)$을 지나는 직선의 방정식은
$y-3=-\dfrac{1}{4}(x-4)$
$\therefore y=-\dfrac{1}{4}x+4$
따라서 $a=-\dfrac{1}{4},\ b=4$이므로
$a+b=-\dfrac{1}{4}+4=\dfrac{15}{4}$

101 답 ④

$f(x)=x^3+2x-4$라 하면
$f'(x)=3x^2+2$
접점의 좌표를 $(t,\ t^3+2t-4)$라 하면 접선의 기울기는
$f'(t)=3t^2+2$
이므로 접선의 방정식은
$y-(t^3+2t-4)=(3t^2+2)(x-t)$
이 직선이 점 $(0,\ -6)$을 지나므로
$-6-(t^3+2t-4)=(3t^2+2)\times(-t)$
$2t^3-2=0,\ 2(t-1)(t^2+t+1)=0$
$\therefore t=1\ (\because t$는 실수$)$
즉, 접선의 방정식은
$y+1=5(x-1)$, 즉 $y=5x-6$
따라서 이 접선이 점 $(3,\ a)$를 지나므로
$a=15-6=9$

102 답 ④

$f(x)=x^3-x+1$이라 하면
$f'(x)=3x^2-1$
곡선 $y=f(x)$ 위의 점 A$(1, 1)$에서의 접선의 기울기는
$f'(1)=2$
이고, 점 B(a, b)에서의 접선의 기울기는
$f'(a)=3a^2-1$
이때 서로 다른 두 점 A$(1, 1)$, B(a, b)에서의 접선이 서로 평행하므로
$f'(1)=f'(a)$
$2=3a^2-1$, $a^2=1$
$\therefore a=-1 \ (\because a\neq1)$
즉, 점 B의 좌표는 $(-1, 1)$이므로 점 B에서의 접선의 방정식은
$y-1=2(x+1)$
$\therefore y=2x+3$
따라서 두 접선 사이의 거리는 점 A$(1, 1)$과 직선 $y=2x+3$, 즉
$2x-y+3=0$ 사이의 거리와 같으므로 두 접선 사이의 거리는
$\dfrac{|2-1+3|}{\sqrt{2^2+(-1)^2}}=\dfrac{4}{\sqrt{5}}=\dfrac{4\sqrt{5}}{5}$

103 답 ②

$f(x)=2x^3+3x^2-4$에서
$f'(x)=6x^2+6x$
두 점 A$(a, f(a))$, B$(a+3, f(a+3))$에서의 두 접선이 평행하므로
$f'(a)=f'(a+3)$
$6a^2+6a=6(a+3)^2+6(a+3)$
$6a^2+6a=6a^2+42a+72$, $36a=-72$
$\therefore a=-2$
즉, A$(-2, -8)$, B$(1, 1)$이고
$f'(-2)=f'(1)=12$
이때 직선 l_1의 방정식은
$y+8=12(x+2)$ $\therefore y=12x+16$
직선 l_2의 방정식은
$y-1=12(x-1)$ $\therefore y=12x-11$
따라서 두 직선 l_1, l_2가 y축과 만나는 두 점 P, Q는 각각 P$(0, 16)$,
Q$(0, -11)$이므로 선분 PQ의 길이는
$16-(-11)=27$

104 답 6

$f(x)=x^3+ax^2-(a^2-8a)x+3$에서
$f'(x)=3x^2+2ax-a^2+8a$
함수 $f(x)$가 실수 전체의 집합에서 증가하려면 모든 실수 x에 대하여 $f'(x)\geq0$, 즉
$3x^2+2ax-a^2+8a\geq0$을 만족시켜야 한다.
이차방정식 $f'(x)=0$, 즉 $3x^2+2ax-a^2+8a=0$의 판별식을 D라 하면 $D\leq0$이어야 하므로

$\dfrac{D}{4}=a^2-3(-a^2+8a)\leq0$
$4a^2-24a\leq0$, $4a(a-6)\leq0$
$\therefore 0\leq a\leq6$
따라서 실수 a의 최댓값은 6이다.

105 답 ②

$f(x)=2x^3+(a+2)x^2+(a^2+2a)x-3$에서
$f'(x)=6x^2+2(a+2)x+(a^2+2a)$
함수 $f(x)$가 실수 전체의 집합에서 증가하려면 모든 실수 x에 대하여 $f'(x)\geq0$이어야 한다.
이차방정식 $f'(x)=0$, 즉 $6x^2+2(a+2)x+(a^2+2a)=0$의 판별식을 D라 하면
$\dfrac{D}{4}=(a+2)^2-6(a^2+2a)\leq0$
$-5a^2-8a+4\leq0$
$(a+2)(5a-2)\geq0$
$\therefore a\leq-2$ 또는 $a\geq\dfrac{2}{5}$
따라서 양수 a의 최솟값은 $\dfrac{2}{5}$이다.

106 답 ④

$f(x)=x^3+3(a+1)x^2-3(a^2-5)x+1$에서
$f'(x)=3x^2+6(a+1)x-3(a^2-5)$
함수 $f(x)$의 역함수가 존재하려면 함수 $f(x)$는 일대일대응이어야 한다.
이때 삼차함수 $f(x)$의 최고차항의 계수가 양수이므로 함수 $f(x)$는 실수 전체의 집합에서 증가해야 한다.
즉, 모든 실수 x에 대하여 $f'(x)\geq0$이어야 하므로
이차방정식 $f'(x)=0$, 즉 $3x^2+6(a+1)x-3(a^2-5)=0$의 판별식을 D라 하면
$\dfrac{D}{4}=9(a+1)^2+9(a^2-5)\leq0$
$a^2+2a+1+a^2-5\leq0$
$a^2+a-2\leq0$
$(a+2)(a-1)\leq0$
$\therefore -2\leq a\leq1$
따라서 실수 a의 최댓값은 1이다.

[참고]
함수 $f(x)$의 역함수가 존재하려면 함수 $f(x)$가 일대일대응이어야 하므로 실수 전체의 집합에서 증가 또는 감소해야 한다.
즉, 모든 실수 x에 대하여 $f'(x)\geq0$ 또는 $f'(x)\leq0$이어야 한다.

107 답 ④

함수 $f(x)$의 역함수가 존재하기 위해서는 실수 전체의 집합에서 증가하거나 감소해야 한다.

그런데 함수 $f(x)$의 최고차항의 계수가 음수이므로 함수 $f(x)$가 실수 전체의 집합에서 감소해야 한다.

$f(x)=-x^3+(a-1)x^2-(3a-3)x+2$에서

$f'(x)=-3x^2+2(a-1)x-(3a-3)$

이때 함수 $f(x)$가 실수 전체의 집합에서 감소하려면 모든 실수 x에 대하여 $f'(x)\leq0$이어야 한다.

이차방정식 $f'(x)=0$, 즉 $3x^2-2(a-1)x+3a-3=0$의 판별식을 D라 하면

$\dfrac{D}{4}=(a-1)^2-3(3a-3)\leq0$

$(a-1)(a-10)\leq0$

$\therefore -1\leq a\leq10$

즉, 함수 $f(x)$의 역함수가 존재하지 않도록 하는 자연수 a의 값의 범위는

$a<1$ 또는 $a>10$

따라서 자연수 a의 최솟값은 11이다.

108 답 ③

$f(x)=2x^3+3x^2-12x+1$에서

$f'(x)=6x^2+6x-12=6(x+2)(x-1)$

$f'(x)=0$에서 $x=-2$ 또는 $x=1$

함수 $f(x)$의 증가와 감소를 표로 나타내면 다음과 같다.

x	$\cdots$	-2	$\cdots$	1	$\cdots$
$f'(x)$	$+$	0	$-$	0	$+$
$f(x)$	↗	극대	↘	극소	↗

따라서 함수 $f(x)$는 $x=-2$에서 극댓값을 갖고, $x=1$에서 극솟값을 가지므로

$M=f(-2)=-16+12+24+1=21$

$m=f(1)=2+3-12+1=-6$

$\therefore M+m=21+(-6)=15$

109 답 ③

함수 $f(x)$가 $x=1$에서 극댓값을 가지므로

$f'(1)=0$

$f(x)=2x^3-4x^2+ax-3$에서

$f'(x)=6x^2-8x+a$이므로

$f'(1)=6-8+a=0$ $\therefore a=2$

따라서 $f(x)=2x^3-4x^2+2x-3$이므로

$M=f(1)=2-4+2-3=-3$

$\therefore a^2+M^2=2^2+(-3)^2=13$

110 답 ⑤

함수 $g(x)$가 $x=2$에서 극솟값 -4를 가지므로

$g'(2)=0,\ g(2)=-4$

$g(x)=(2x^2-3x)f(x)$에서

$g'(x)=(4x-3)f(x)+(2x^2-3x)f'(x)$이므로

$g'(2)=5f(2)+2f'(2)$

이때 $g(2)=2f(2)$에서

$f(2)=\dfrac{1}{2}g(2)=-2$

이므로

$g'(2)=5\times(-2)+2f'(2)=0$

$\therefore f'(2)=5$

111 답 ①

$f(x)=x^3+ax^2+bx$에서

$f'(x)=3x^2+2ax+b$

함수 $f(x)$가 $x=-1$에서 극댓값 8을 가지므로

$f(-1)=8,\ f'(-1)=0$

즉, $-1+a-b=8,\ 3-2a+b=0$이므로

위의 두 식을 연립하여 풀면

$a=-6,\ b=-15$

이때 $f(x)=x^3-6x^2-15x$에서

$f'(x)=3x^2-12x-15$

$\qquad =3(x+1)(x-5)$

$f'(x)=0$에서 $x=-1$ 또는 $x=5$

함수 $f(x)$의 증가와 감소를 표로 나타내면 다음과 같다.

x	$\cdots$	-1	$\cdots$	5	$\cdots$
$f'(x)$	$+$	0	$-$	0	$+$
$f(x)$	↗	극대	↘	극소	↗

따라서 함수 $f(x)$는 $x=5$에서 극솟값을 가지므로

$f(5)=125-150-75=-100$

112 답 ③

함수 $f(x)$가 $x=-1$에서 극대이므로

$f'(-1)=0$

이때 $f(x)=-x^4+ax^3+2ax^2+b$에서

$f'(x)=-4x^3+3ax^2+4ax$이므로

$f'(-1)=4+3a-4a=0$

$\therefore a=4$

이때 $f(x)=-x^4+4x^3+8x^2+b$에서

$f'(x)=-4x^3+12x^2+16x$

$\qquad =-4x(x+1)(x-4)$

$f'(x)=0$에서 $x=-1$ 또는 $x=0$ 또는 $x=4$

함수 $f(x)$의 증가와 감소를 표로 나타내면 다음과 같다.

x	$\cdots$	-1	$\cdots$	0	$\cdots$	4	$\cdots$
$f'(x)$	$+$	0	$-$	0	$+$	0	$-$
$f(x)$	↗	극대	↘	극소	↗	극대	↘

따라서 함수 $f(x)$는 $x=0$에서 극솟값 -1을 가지므로

$f(0)=b=-1$

$\therefore a+b=4+(-1)=3$

113 답 72

$\lim\limits_{h \to 0}\dfrac{f(2+3h)-f(2)}{h}=\lim\limits_{h \to 0}\left\{3 \times \dfrac{f(2+3h)-f(2)}{3h}\right\}$

$\qquad\qquad\qquad\qquad\qquad =3f'(2)$

조건 (가)에서 다항함수 $f(x)$는 최고차항의 계수가 2인 삼차함수이므로

$f(x)=2x^3+ax^2+bx+c$ (a, b, c는 상수)라 하면

$f'(x)=6x^2+2ax+b$

이때 조건 (나)에서 다항함수 $f(x)$가 $x=-2$와 $x=1$에서 극값을 가지므로

$f'(-2)=0$, $f'(1)=0$

즉, $24-4a+b=0$, $6+2a+b=0$이므로

위의 두 식을 연립하여 풀면

$a=3$, $b=-12$

이때 $f'(x)=6x^2+6x-12$에서

$f'(2)=24+12-12=24$

$\therefore \lim\limits_{h \to 0}\dfrac{f(2+3h)-f(2)}{h}=3f'(2)=72$

114 답 ①

최고차항의 계수가 1인 사차함수 $f(x)$를

$f(x)=x^4+ax^3+bx^2+cx+d$ (a, b, c, d는 상수)라 하면

$f'(x)=4x^3+3ax^2+2bx+c$

조건 (가)에서 $f'(-x)=-f'(x)$이므로

$-4x^3+3ax^2-2bx+c=-4x^3-3ax^2-2bx-c$

$6ax^2+2c=0$

$\therefore 3ax^2+c=0$

모든 실수 x에 대하여 위의 식이 성립해야 하므로

$a=0$, $c=0$

$f(x)=x^4+bx^2+d$이므로 함수 $y=f(x)$의 그래프는 y축에 대하여 대칭이다.

또한, 함수 $f(x)$가 극댓값과 극솟값을 가지므로 방정식 $f'(x)=0$은 서로 다른 세 실근을 갖는다.

$f'(x)=4x^3+2bx=2x(2x^2+b)$

이때 방정식 $f'(x)=0$은 서로 다른 세 실근을 가지므로 $b<0$이고 서로 다른 세 실근은

$x=0$ 또는 $x=-\sqrt{-\dfrac{b}{2}}$ 또는 $x=\sqrt{-\dfrac{b}{2}}$

함수 $f(x)$의 증가와 감소를 표로 나타내면 다음과 같다.

x	$\cdots$	$-\sqrt{-\dfrac{b}{2}}$	$\cdots$	0	$\cdots$	$\sqrt{-\dfrac{b}{2}}$	$\cdots$
$f'(x)$	$-$	0	$+$	0	$-$	0	$+$
$f(x)$	$\searrow$	극소	$\nearrow$	극대	$\searrow$	극소	$\nearrow$

즉, 함수 $f(x)$는 $x=0$에서 극댓값, $x=-\sqrt{-\dfrac{b}{2}}$ 또는 $x=\sqrt{-\dfrac{b}{2}}$

에서 극솟값을 가지므로

$f(0)=d=3$

$f\left(\sqrt{-\dfrac{b}{2}}\right)=f\left(-\sqrt{-\dfrac{b}{2}}\right)=-6$에서

$\dfrac{b^2}{4}+b \times \left(-\dfrac{b}{2}\right)+3=-6$

$\dfrac{b^2}{4}=9$, $b^2=36$　$\therefore b=-6$ ($\because b<0$)

따라서 $f(x)=x^4-6x^2+3$이므로

$f(1)=1-6+3=-2$

115 답 ③

$f(x)=x^3-3x+5$에서

$f'(x)=3x^2-3=3(x+1)(x-1)$

$f'(x)=0$에서 $x=-1$ 또는 $x=1$

닫힌구간 $[-1, 3]$에서 함수 $f(x)$의 증가와 감소를 표로 나타내면 다음과 같다.

x	-1	$\cdots$	1	$\cdots$	3
$f'(x)$	0	$-$	0	$+$	
$f(x)$	7	$\searrow$	3	$\nearrow$	23

따라서 닫힌구간 $[-1, 3]$에서 함수 $f(x)$는 $x=1$에서 극소이며 최소이고 $f(x)$의 최솟값은 3이다.

💡 플러스 특강

닫힌구간 $[a, b]$에서 함수 $f(x)$의 최댓값과 최솟값

닫힌구간 $[a, b]$에서 함수 $f(x)$의 최댓값, 최솟값은 다음 순서로 구한다.

❶ 닫힌구간 $[a, b]$에서 함수 $f(x)$의 극댓값, 극솟값을 모두 구한다.

❷ 닫힌구간 $[a, b]$의 양 끝 값에서의 함숫값 $f(a)$, $f(b)$를 구한다.

❸ ❶, ❷에서 구한 값들을 비교하여 가장 큰 값이 최댓값, 가장 작은 값이 최솟값이다.

116 답 28

$f(x)=2x^3-9x^2+12x-2$에서

$f'(x)=6x^2-18x+12=6(x-1)(x-2)$

$f'(x)=0$에서 $x=1$ 또는 $x=2$

닫힌구간 $[-1, 2]$에서 함수 $f(x)$의 증가와 감소를 표로 나타내면 다음과 같다.

x	-1	$\cdots$	1	$\cdots$	2
$f'(x)$		$+$	0	$-$	0
$f(x)$	-25	$\nearrow$	3	$\searrow$	2

즉, 닫힌구간 $[-1, 2]$에서 함수 $f(x)$는 $x=1$에서 극대이며 최대이고 최댓값 3, $x=-1$에서 최소이고 최솟값 -25를 갖는다.

따라서 $M=3$, $m=-25$이므로

$M-m=3-(-25)=28$

117 답 26

$f(x)=x^3+3x^2-9x+a$에서

$f'(x)=3x^2+6x-9=3(x+3)(x-1)$

$f'(x)=0$에서 $x=-3$ 또는 $x=1$

닫힌구간 $[-4, 4]$에서 함수 $f(x)$의 증가와 감소를 표로 나타내면 다음과 같다.

x	-4	$\cdots$	-3	$\cdots$	1	$\cdots$	4
$f'(x)$		$+$	0	$-$	0	$+$	
$f(x)$	$20+a$	$\nearrow$	$27+a$	$\searrow$	$-5+a$	$\nearrow$	$76+a$

즉, 닫힌구간 $[-4, 4]$에서 함수 $f(x)$는 $x=1$에서 극소이며 최소이고 최솟값 $-5+a$를 갖는다.

따라서 $-5+a=21$에서

$a=26$

118 답 ②

$f(x)=-ax^3+3x^2$에서

$f'(x)=-3ax^2+6x=-3x(ax-2)$

$f'(x)=0$에서 $x=0$ 또는 $x=\dfrac{2}{a}$

이때 $a>1$이므로

$0<\dfrac{2}{a}<2$

닫힌구간 $[0, 2]$에서 함수 $f(x)$의 증가와 감소를 표로 나타내면 다음과 같다.

x	0	$\cdots$	$\dfrac{2}{a}$	$\cdots$	2
$f'(x)$	0	$+$	0	$-$	
$f(x)$	0	$\nearrow$	$\dfrac{4}{a^2}$	$\searrow$	$12-8a$

닫힌구간 $[0, 2]$에서 함수 $f(x)$의 최솟값이 -12이므로 함수 $f(x)$는 $x=2$에서 최솟값 $12-8a$를 가져야 한다.

즉, $12-8a=-12$에서 $a=3$

따라서 닫힌구간 $[0, 2]$에서 함수 $f(x)$는 $x=\dfrac{2}{a}=\dfrac{2}{3}$에서 최댓값

$\dfrac{4}{a^2}=\dfrac{4}{9}$를 갖는다.

119 답 ②

$f(x)=ax^3-3ax+b$에서

$f'(x)=3ax^2-3a=3a(x+1)(x-1)$

$f'(x)=0$에서 $x=-1$ 또는 $x=1$

닫힌구간 $[-1, 2]$에서 함수 $f(x)$의 증가와 감소를 표로 나타내면 다음과 같다.

x	-1	$\cdots$	1	$\cdots$	2
$f'(x)$	0	$-$	0	$+$	
$f(x)$	$2a+b$	$\searrow$	$-2a+b$	$\nearrow$	$2a+b$

이때 a, b가 양수이므로 $-2a+b<2a+b$

닫힌구간 $[-1, 2]$에서 함수 $f(x)$는 $x=-1$ 또는 $x=2$에서 최대, $x=1$에서 극소이며 최소이다.

이때 함수 $f(x)$의 최댓값 5, 최솟값이 1이므로

$2a+b=5$, $-2a+b=1$

위의 두 식을 연립하여 풀면

$a=1$, $b=3$ $\therefore a+b=1+3=4$

120 답 ④

$f(x)=3x^4+4ax^3-12a^2x^2$에서

$f'(x)=12x^3+12ax^2-24a^2x=12x(x+2a)(x-a)$

$f'(x)=0$에서 $x=-2a$ 또는 $x=0$ 또는 $x=a$

닫힌구간 $[-2a, 2a]$에서 함수 $f(x)$의 증가와 감소를 표로 나타내면 다음과 같다.

x	$-2a$	$\cdots$	0	$\cdots$	a	$\cdots$	$2a$
$f'(x)$	0	$+$	0	$-$	0	$+$	
$f(x)$	$-32a^4$	$\nearrow$	0	$\searrow$	$-5a^4$	$\nearrow$	$32a^4$

즉, 닫힌구간 $[-2a, 2a]$에서 함수 $f(x)$는 $x=-2a$에서 최솟값 $-32a^4$을 가지고, $x=2a$에서 최댓값 $M=32a^4$을 가지므로

$-32a^4=-16$에서 $a^4=\dfrac{1}{2}$

$\therefore a^4\times M=a^4\times 32a^4=\dfrac{1}{2}\times 16=8$

121 답 ③

$f(x)=x^3-3x^2+5$에서

$f'(x)=3x^2-6x=3x(x-2)$

$f'(x)=0$에서 $x=0$ 또는 $x=2$

함수 $f(x)$의 증가와 감소를 표로 나타내면 다음과 같다.

x	$\cdots$	0	$\cdots$	2	$\cdots$
$f'(x)$	$+$	0	$-$	0	$+$
$f(x)$	$\nearrow$	5	$\searrow$	1	$\nearrow$

즉, 함수 $f(x)$는 $x=0$에서 극댓값 5를 가지고, $x=2$에서 극솟값 1을 가지므로 닫힌구간 $[0, a]$에서 함수 $y=f(x)$의 그래프는 다음 그림과 같다.

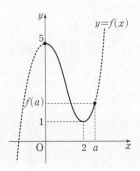

닫힌구간 $[0, a]$에서 함수 $f(x)$의 최댓값이 $f(0)=5$이려면 $f(a)\le 5$이어야 하므로

$a^3-3a^2+5 \le 5$, $a^2(a-3) \le 0$, $a-3 \le 0$ $(\because a^2 > 0)$

$\therefore 0 < a \le 3$

따라서 최댓값이 $f(0)$이 되기 위한 양수 a의 최댓값은 3이다.

122 답 ⑤

점 A의 x좌표를 t $(0 < t < 2)$라 하면

$A(t, -t^2+4)$

이때 곡선 $y=-x^2+4$는 y축에 대하여 대칭이므로 점 B의 좌표는 $(-t, -t^2+4)$이다.

$\therefore \overline{AB} = |t-(-t)| = 2t$

삼각형 ABC의 넓이를 $f(t)$라 하면

$f(t) = \dfrac{1}{2} \times 2t \times (-t^2+4) = -t^3+4t$

$f'(t) = -3t^2+4$

$f'(t)=0$에서 $t = \dfrac{2\sqrt{3}}{3}$ $(\because 0 < t < 2)$

$0 < t < 2$에서 함수 $f(t)$의 증가와 감소를 표로 나타내면 다음과 같다.

t	(0)	$\cdots$	$\dfrac{2\sqrt{3}}{3}$	$\cdots$	(2)
$f'(t)$		$+$	0	$-$	
$f(t)$		↗	$\dfrac{16\sqrt{3}}{9}$	↘	

즉, $0 < t < 2$에서 함수 $f(t)$는 $t = \dfrac{2\sqrt{3}}{3}$에서 극대이며 최대이고

최댓값은 $\dfrac{16\sqrt{3}}{9}$이다.

따라서 삼각형 ABC의 넓이의 최댓값은 $\dfrac{16\sqrt{3}}{9}$이다.

123 답 27

$f(x) = x^3+ax^2+bx+c$ $(a, b, c$는 상수$)$라 하면

$f'(x) = 3x^2+2ax+b$

함수 $y=f'(x)$의 그래프가 x축과 두 점 $(1, 0)$, $(3, 0)$에서 만나므로

$f'(1)=0$, $f'(3)=0$

$f'(1)=0$에서 $3+2a+b=0$

$\therefore 2a+b=-3$ ······ ㉠

$f'(3)=0$에서 $27+6a+b=0$

$\therefore 6a+b=-27$ ······ ㉡

㉠, ㉡을 연립하여 풀면

$a=-6$, $b=9$

$\therefore f(x)=x^3-6x^2+9x+c$

닫힌구간 $[0, 5]$에서 함수 $f(x)$의 증가와 감소를 표로 나타내면 다음과 같다.

x	0	$\cdots$	1	$\cdots$	3	$\cdots$	5
$f'(x)$		$+$	0	$-$	0	$+$	
$f(x)$	c	↗	$4+c$	↘	c	↗	$20+c$

닫힌구간 $[0, 5]$에서 함수 $f(x)$는 $x=3$에서 극솟값 7을 가지므로

$c=7$

따라서 닫힌구간 $[0, 5]$에서 함수 $f(x)$는 $x=5$에서 최댓값을 가지므로 $20+c=20+7=27$이다.

124 답 ③

$f(x)=2x^3-3x^2-12x+k$라 하면

$f'(x)=6x^2-6x-12=6(x+1)(x-2)$

$f'(x)=0$에서 $x=-1$ 또는 $x=2$

함수 $f(x)$의 증가와 감소를 표로 나타내면 다음과 같다.

x	$\cdots$	-1	$\cdots$	2	$\cdots$
$f'(x)$	$+$	0	$-$	0	$+$
$f(x)$	↗	$7+k$	↘	$-20+k$	↗

즉, 함수 $f(x)$는 $x=-1$에서 극댓값 $7+k$를 가지고, $x=2$에서 극솟값 $-20+k$를 갖는다.

삼차방정식 $f(x)=0$이 서로 다른 세 실근을 가지려면

(극댓값)$\times$(극솟값)<0이어야 하므로

$(k+7)(k-20)<0$ $\therefore -7 < k < 20$

따라서 정수 k의 개수는 $-6, -5, -4, \cdots, 19$의 26이다.

125 답 ②

$x^3-6x-k=0$에서 $x^3-6x=k$

$f(x)=x^3-6x$라 하면

$f'(x)=3x^2-6=3(x+\sqrt{2})(x-\sqrt{2})$

$f'(x)=0$에서 $x=-\sqrt{2}$ 또는 $x=\sqrt{2}$

함수 $f(x)$의 증가와 감소를 표로 나타내면 다음과 같다.

x	$\cdots$	$-\sqrt{2}$	$\cdots$	$\sqrt{2}$	$\cdots$
$f'(x)$	$+$	0	$-$	0	$+$
$f(x)$	↗	$4\sqrt{2}$	↘	$-4\sqrt{2}$	↗

즉, 함수 $y=f(x)$의 그래프는 다음 그림과 같다.

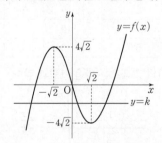

이때 삼차방정식 $x^3-6x-k=0$이 서로 다른 두 개의 양의 실근과 한 개의 음의 실근을 가지려면 방정식 $f(x)=k$가 서로 다른 두 개의 양의 실근과 한 개의 음의 실근을 가져야 한다.

즉, 함수 $y=f(x)$의 그래프와 직선 $y=k$의 교점의 x좌표가 두 개는 양수이고 한 개는 음수이어야 하므로 k의 값의 범위는

$-4\sqrt{2} < k < 0$이어야 한다.

따라서 조건을 만족시키는 정수 k의 개수는 $-5, -4, -3, -2, -1$의 5이다.

126 답 ②

$x^3+3x^2-24x-12-k=0$에서

$x^3+3x^2-24x-12=k$

$f(x)=x^3+3x^2-24x-12$라 하면

$f'(x)=3x^2+6x-24$

$\qquad =3(x+4)(x-2)$

$f'(x)=0$에서 $x=-4$ 또는 $x=2$

함수 $f(x)$의 증가와 감소를 표로 나타내면 다음과 같다.

x	$\cdots$	-4	$\cdots$	2	$\cdots$
$f'(x)$	$+$	0	$-$	0	$+$
$f(x)$	↗	68	↘	-40	↗

즉, 함수 $y=f(x)$의 그래프는 다음 그림과 같다.

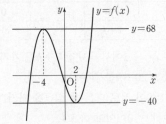

이때 함수 $y=f(x)$의 그래프와 직선 $y=k$가 서로 다른 두 점에서 만나려면 k의 값은 $k=68$ 또는 $k=-40$이어야 한다.

따라서 모든 실수 k의 값의 합은

$68+(-40)=28$

127 답 ②

$3x^4-4x^3-12x^2+k=0$에서

$3x^4-4x^3-12x^2=-k$

$f(x)=3x^4-4x^3-12x^2$이라 하면

$f'(x)=12x^3-12x^2-24x$

$\qquad =12x(x+1)(x-2)$

$f'(x)=0$에서 $x=-1$ 또는 $x=0$ 또는 $x=2$

함수 $f(x)$의 증가와 감소를 표로 나타내면 다음과 같다.

x	$\cdots$	-1	$\cdots$	0	$\cdots$	2	$\cdots$
$f'(x)$	$-$	0	$+$	0	$-$	0	$+$
$f(x)$	↘	-5	↗	0	↘	-32	↗

즉, 함수 $y=f(x)$의 그래프는 다음 그림과 같다.

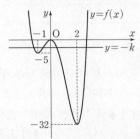

이때 함수 $y=f(x)$의 그래프와 직선 $y=-k$가 서로 다른 네 점에서 만나려면 k의 값의 범위는 $-5<-k<0$이어야 한다.

$\therefore 0<k<5$

따라서 정수 k의 개수는 $1,\ 2,\ 3,\ 4$의 4이다.

128 답 ②

$f(x)=g(x)$에서 $x^3+x^2-2x=-2x^2+7x+a$

$\therefore x^3+3x^2-9x=a$

$h(x)=x^3+3x^2-9x$라 하면 방정식 $h(x)=a$가 서로 다른 세 실근을 가져야 한다.

$h'(x)=3x^2+6x-9$

$\qquad =3(x+3)(x-1)$

$h'(x)=0$에서 $x=-3$ 또는 $x=1$

함수 $h(x)$의 증가와 감소를 표로 나타내면 다음과 같다.

x	$\cdots$	-3	$\cdots$	1	$\cdots$
$h'(x)$	$+$	0	$-$	0	$+$
$h(x)$	↗	27	↘	-5	↗

즉, 함수 $y=h(x)$의 그래프는 다음과 같다.

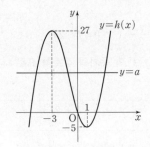

함수 $y=h(x)$의 그래프와 직선 $y=a$가 서로 다른 세 점에서 만나려면 a의 값의 범위는 $-5<a<27$이어야 한다.

따라서 정수 a의 개수는 $-4,\ -3,\ -2,\ \cdots,\ 26$의 31이다.

129 답 ⑤

$f(x)=2x^3-3ax^2+3a^2+a$라 하면 삼차함수 $y=f(x)$의 그래프와 x축에 평행한 직선이 만나서 생길 수 있는 서로 다른 점의 개수는 1 또는 2 또는 3이다.

즉, $g(2)<g(3)<g(4)$가 성립하려면 $g(2)=1$, $g(3)=2$, $g(4)=3$이어야 하므로 삼차함수 $y=f(x)$의 그래프와 세 직선 $y=2$, $y=3$, $y=4$는 각각 오른쪽 그림과 같이 만나야 한다.

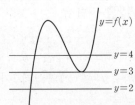

$f(x)=2x^3-3ax^2+3a^2+a$에서

$f'(x)=6x^2-6ax=6x(x-a)$

$f'(x)=0$에서 $x=0$ 또는 $x=a$

$a>0$이므로 함수 $f(x)$의 증가와 감소를 표로 나타내면 다음과 같다.

x	$\cdots$	0	$\cdots$	a	$\cdots$
$f'(x)$	$+$	0	$-$	0	$+$
$f(x)$	↗	극대	↘	극소	↗

함수 $f(x)$는 $x=0$에서 극댓값을 갖고 $x=a$에서 극솟값을 갖는다.

이때 위의 그림에서 함수 $f(x)$의 극댓값은 4보다 큰 값이어야 하고 극솟값은 3이어야 하므로

$f(0)>4$, $f(a)=3$

$f(0) > 4$에서

$3a^2 + a > 4$, $3a^2 + a - 4 > 0$

$(3a+4)(a-1) > 0$

$\therefore a > 1$ ($\because a > 0$) ...... ㉠

$f(a) = 3$에서

$2a^3 - 3a^3 + 3a^2 + a = 3$

$a^3 - 3a^2 - a + 3 = 0$

$(a+1)(a-1)(a-3) = 0$

$\therefore a = 1$ 또는 $a = 3$ ($\because a > 0$) ...... ㉡

㉠, ㉡에서 조건을 만족시키는 양수 a의 값은

$a = 3$

130 답 11

$f(x) = x^4 - 4x^3 + 16x + a$라 하면

$f'(x) = 4x^3 - 12x^2 + 16$

$\qquad = 4(x+1)(x-2)^2$

$f'(x) = 0$에서 $x = -1$ 또는 $x = 2$

함수 $f(x)$의 증가와 감소를 표로 나타내면 다음과 같다.

x	$\cdots$	-1	$\cdots$	2	$\cdots$
$f'(x)$	$-$	0	$+$	0	$+$
$f(x)$	$\searrow$	$a-11$	$\nearrow$	$a+16$	$\nearrow$

함수 $f(x)$는 $x = -1$에서 극소이며 최소이고 최솟값은 $a-11$이므로 모든 실수 x에 대하여 부등식 $f(x) \geq 0$이 항상 성립하려면

$f(-1) = a - 11 \geq 0$

$\therefore a \geq 11$

따라서 실수 a의 최솟값은 11이다.

131 답 ③

$f(x) = x^3 - 9x^2 + k$라 하면

$f'(x) = 3x^2 - 18x$

$\qquad = 3x(x-6)$

$f'(x) = 0$에서 $x = 0$ 또는 $x = 6$

열린구간 $(1, 4)$에서 $f'(x) < 0$이므로 함수 $f(x)$는 이 구간에서 감소한다.

즉, $1 < x < 4$에서 $f(x) > 0$이 항상 성립하려면 $f(4) \geq 0$이어야 하므로

$f(4) = 64 - 144 + k \geq 0$

$\therefore k \geq 80$

따라서 조건을 만족시키는 실수 k의 최솟값은 80이다.

132 답 ②

$f(x) \geq g(x)$에서 $f(x) - g(x) \geq 0$

$F(x) = f(x) - g(x)$라 하면

$F(x) = 2x^3 - x^2 - 4x + 3 - (2x^2 - 4x + k)$

$\qquad = 2x^3 - 3x^2 + 3 - k$

이므로

$F'(x) = 6x^2 - 6x$

$\qquad = 6x(x-1)$

$F'(x) = 0$에서 $x = 0$ 또는 $x = 1$

$x \geq 0$에서 함수 $F(x)$의 증가와 감소를 표로 나타내면 다음과 같다.

x	0	$\cdots$	1	$\cdots$
$F'(x)$	0	$-$	0	$+$
$F(x)$	$3-k$	$\searrow$	$2-k$	$\nearrow$

$x \geq 0$에서 함수 $F(x)$는 $x = 1$일 때 극소이며 최소이고 최솟값은 $F(1) = 2 - k$이다.

$x \geq 0$인 모든 실수 x에 대하여 부등식 $F(x) \geq 0$이 성립하려면

$F(1) = 2 - k \geq 0$

$\therefore k \leq 2$

따라서 구하는 실수 k의 최댓값은 2이다.

133 답 8

점 P의 시각 t ($t > 0$)에서의 속도를 v, 가속도를 a라 하면

$v = \dfrac{dx}{dt} = 3t^2 - 10t + 6$, $a = \dfrac{dv}{dt} = 6t - 10$

따라서 시각 $t = 3$에서 점 P의 가속도는

$18 - 10 = 8$

134 답 ②

점 P의 시각 t ($t \geq 0$)에서의 속도를 v라 하면

$v = \dfrac{dx}{dt} = 3t^2 + 2at + b$

$t = 2$에서 $v = 0$이므로

$12 + 4a + b = 0$ $\therefore 4a + b = -12$ ...... ㉠

$t = 3$에서 $v = -1$이므로

$27 + 6a + b = -1$ $\therefore 6a + b = -28$ ...... ㉡

㉠, ㉡을 연립하여 풀면

$a = -8$, $b = 20$

따라서 $x = t^3 - 8t^2 + 20t$이므로 $t = 1$에서의 점 P의 위치는

$1 - 8 + 20 = 13$

135 답 ④

두 점 P, Q의 시각 t ($t \geq 0$)에서의 속도는 각각

$f'(t) = 3t^2 - 12t + 4$, $g'(t) = 4t - 1$

이므로 두 점 P, Q의 속도가 같아지는 순간은

$3t^2 - 12t + 4 = 4t - 1$일 때이다.

즉, $3t^2 - 16t + 5 = 0$에서

$(3t-1)(t-5) = 0$ $\therefore t = \dfrac{1}{3}$ 또는 $t = 5$

따라서 두 점 P, Q의 속도가 두 번째로 같아지는 순간은 시각 $t=5$일 때이고, 점 P의 시각 t에서의 가속도를 $a(t)$라 하면

$$a(t)=\frac{d}{dt}f'(t)=6t-12$$

이므로 시각 $t=5$에서의 점 P의 가속도는

$$a(5)=30-12=18$$

136 답 ②

두 점 P, Q가 출발한 후 만나는 시각은

$2t^3-6t^2+5t=4t^2-3t$에서

$2t^3-10t^2+8t=0$

$2t(t-1)(t-4)=0$

$\therefore t=1$ 또는 $t=4$ $(\because t>0)$

즉, 두 점 P, Q가 출발한 후 두 번째로 만나는 순간은 $t=4$일 때이다.

점 P의 시각 t에서의 속도를 $v(t)$라 하면

$$v(t)=f'(t)=6t^2-12t+5$$

점 P의 시각 t에서의 가속도를 $a(t)$라 하면

$$a(t)=v'(t)=12t-12$$

따라서 $t=4$일 때 점 P의 가속도는

$$a(4)=48-12=36$$

137 답 59

$\overline{AP}=t$ $(0<t<4)$라 하면 $\overline{PD}=4-t$이다.

삼각형 PAQ와 삼각형 CDP가 서로 닮음 (AA 닮음)이므로

$\dfrac{\overline{AQ}}{\overline{AP}}=\dfrac{\overline{DP}}{\overline{DC}}$에서 $\dfrac{\overline{AQ}}{t}=\dfrac{4-t}{4}$

$\therefore \overline{AQ}=\dfrac{1}{4}t(4-t)$

이때 삼각형 PAQ의 넓이를 $S(t)$라 하면

$$S(t)=\frac{1}{2}\times\overline{AP}\times\overline{AQ}$$

$$=\frac{1}{2}\times t\times\frac{1}{4}t(4-t)=\frac{1}{8}(4t^2-t^3)$$

$$S'(t)=\frac{1}{8}(8t-3t^2)=\frac{1}{8}t(8-3t)$$

$S'(t)=0$에서 $t=\dfrac{8}{3}$ $(\because 0<t<4)$

$0<t<4$에서 함수 $S(t)$의 증가와 감소를 표로 나타내면 다음과 같다.

t	(0)	$\cdots$	$\dfrac{8}{3}$	$\cdots$	(4)
$S'(t)$		$+$	0	$-$	
$S(t)$		$\nearrow$	$\dfrac{32}{27}$	$\searrow$	

즉, $0<t<4$에서 함수 $S(t)$는 $t=\dfrac{8}{3}$에서 극대이며 최대이고 최댓값은 $\dfrac{32}{27}$이다.

따라서 삼각형 PAQ의 넓이의 최댓값은 $\dfrac{32}{27}$이므로

$$p=27,\ q=32$$

$$\therefore p+q=27+32=59$$

138 답 ①

$f(x)=x^3+6x^2+ax+b$에서

$f'(x)=3x^2+12x+a$

조건 (가)에서 $f(1)=f'(1)$이므로

$1+6+a+b=3+12+a$

$\therefore b=8$

조건 (나)에서 $x\geq0$인 모든 실수 x에 대하여 $f(x)\geq f'(x)$이므로

$f(x)-f'(x)\geq0$

$g(x)=f(x)-f'(x)$라 하면

$g(x)=x^3+3x^2+(a-12)x+8-a$

$g'(x)=3x^2+6x+a-12$

이때 조건 (가)에 의하여

$g(1)=f(1)-f'(1)=0$이고 조건 (나)에서 $x\geq0$인 모든 실수 x에 대하여 $g(x)\geq0$이므로 함수 $y=g(x)$의 그래프의 개형은 오른쪽 그림과 같아야 한다.

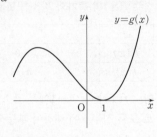

즉, 함수 $g(x)$는 $x=1$에서 극소이다.

따라서 $g'(1)=0$에서 $3+6+a-12=0$이므로 $a=3$

$\therefore a+b=3+8=11$

참고

함수 $g(x)$는 최고차항의 계수가 1인 삼차함수이므로 함수 $y=g(x)$의 그래프의 개형은 극값을 가지는 경우와 가지지 않는 경우의 2가지가 있다.

그런데 함수 $g(x)$가 극값을 가지지 않는 경우 $g(x)$는 실수 전체의 집합에서 증가하고, $g(1)=0$이므로 $0\leq x<1$인 모든 실수 x에 대하여 $g(x)<0$이다.

즉, $x\geq0$인 모든 실수 x에 대하여 $g(x)\geq0$이라는 조건을 만족시키지 않는다.

139 답 24

함수 $f(x)$는 최고차항의 계수가 1인 삼차함수이고, 조건 (가)에 의하여 $x=2$에서 극댓값을 가지므로 함수 $y=f(x)$의 그래프는 오른쪽 그림과 같으므로 $x=\alpha$에서 극솟값을 가진다고 가정하면 $\alpha>2$이어야 한다.

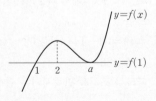

조건 (나)에 의하여 위의 그림과 같이 함수 $y=f(x)$의 그래프와 직선 $y=f(1)$는 서로 다른 두 점에서 만나야 하므로

$f(1)=f(\alpha)$이다.

이때 $f(1)=k$ (k는 실수)라 하면

$f(x)=(x-1)(x-a)^2+k$
$\qquad =x^3-(2a+1)x^2+(a^2+2a)x-a^2+k$
$f'(x)=2x^2-2(2a+1)x+a^2+2a$
$\qquad =(x-a)(3x-a-2)$
$f'(x)=0$에서 $x=a$ 또는 $x=\dfrac{a+2}{3}$
조건 (가)에서 $f'(2)=0$이므로
$\dfrac{a+2}{3}=2\ (\because a\neq2)$
$\therefore a=4$
즉, $f(x)=(x-1)(x-4)^2+k$이므로
$f(2)=8\ (\because$ 조건 (가))에서
$f(2)=4+k=8$
$\therefore k=4$
따라서 $f(x)=(x-1)(x-4)^2+4$이므로
$f(6)=5\times2^2+4=24$

140 답 ①

$f(x)=x^3+3ax^2-9a^2x+6$에서
$f'(x)=3x^2+6ax-9a^2=3(x+3a)(x-a)$
$f'(x)=0$에서 $x=-3a$ 또는 $x=a$
$a>0$이므로 함수 $f(x)$의 증가와 감소를 표로 나타내면 다음과 같다.

x	$\cdots$	$-3a$	$\cdots$	a	$\cdots$
$f'(x)$	$+$	0	$-$	0	$+$
$f(x)$	$\nearrow$	극대	$\searrow$	극소	$\nearrow$

함수 $f(x)$는 $x=-3a$에서 극대이고, $x=a$에서 극소이므로 a의 값의 범위에 따라 구간 $[2,\infty)$에서 최솟값의 위치가 달라진다.
(i) $0<a<2$일 때, 함수 $y=f(x)$의 그래프의 개형은 다음과 같다.

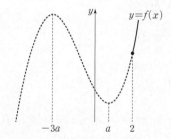

구간 $[2,\infty)$에서 함수 $f(x)$의 최솟값은 $f(2)$이므로
$f(2)=8+12a-18a^2+6=8$에서
$18a^2-12a-6=0,\ 6(a-1)(3a+1)=0$
$\therefore a=1\ (\because 0<a<2)$
(ii) $a\geq2$일 때, 함수 $y=f(x)$의 그래프의 개형은 다음과 같다.

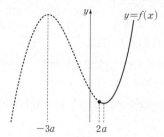

구간 $[2,\infty)$에서 함수 $f(x)$의 최솟값은 $f(a)$이므로
$f(a)=a^3+3a^3-9a^3+6=8$에서
$a^3=-\dfrac{2}{5}$
그런데 $a\geq2$에서 위의 식을 만족시키는 a는 존재하지 않는다.
(i), (ii)에서 $a=1$

141 답 ③

$f(x)=3x^4-4x^3-12x^2+1$에서
$f'(x)=12x^3-12x^2-24x=12x(x+1)(x-2)$
$f'(x)=0$에서 $x=-1$ 또는 $x=0$ 또는 $x=2$
함수 $f(x)$의 증가와 감소를 표로 나타내면 다음과 같다.

x	$\cdots$	-1	$\cdots$	0	$\cdots$	2	$\cdots$
$f'(x)$	$-$	0	$+$	0	$-$	0	$+$
$f(x)$	$\searrow$	-4	$\nearrow$	1	$\searrow$	-31	$\nearrow$

함수 $y=f(x)$의 그래프는 다음 그림과 같다.

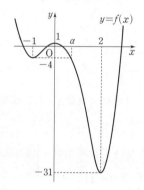

$x\leq t$에서 $f(x)$의 최솟값 $g(t)$는 다음과 같다.
$$g(t)=\begin{cases} f(t) & (t<-1,\ a<t<2) \\ -4 & (-1\leq t\leq a) \\ -31 & (t\geq2) \end{cases}$$
(단, a는 $f(-1)=f(a)$, $0<a<2$를 만족시키는 상수이다.)
즉, 함수 $y=g(t)$의 그래프의 개형은 다음 그림과 같다.

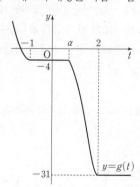

ㄱ. $t<-1$일 때, 함수 $g(t)$는 감소한다. (참)
ㄴ. 함수 $g(t)$의 최솟값은 -31이다. (참)
ㄷ. $t=a$에서 $\lim\limits_{t\to a-}g'(t)=0$이지만 $\lim\limits_{t\to a+}g'(t)\neq0$이므로 함수 $g(t)$는 $x=a$에서 미분가능하지 않다. (거짓)
따라서 옳은 것은 ㄱ, ㄴ이다.

142 답 ③

$$\lim_{x \to -1+} f(x) = \lim_{x \to -1+} (x^3 + 2x^2 + a) = a + 1,$$

$$\lim_{x \to -1-} f(x) = \lim_{x \to -1-} (x^2 - ax) = a + 1,$$

$$f(-1) = a + 1$$

에서

$$\lim_{x \to -1} f(x) = f(-1)$$

이므로 함수 $f(x)$는 $x = -1$에서 연속이다.

$g(x) = x^3 + 2x^2 + a \ (x > -1)$이라 하면

$g'(x) = 3x^2 + 4x = x(3x + 4)$

$g'(x) = 0$에서 $x = 0 \ (\because x > -1)$

또한, $h(x) = x^2 - ax \ (x \leq -1)$이라 하면

$h'(x) = 2x - a$

$h'(x) = 0$에서 $x = \dfrac{a}{2}$

이때 $a < -2$이므로

$$\frac{a}{2} < -1$$

즉, 함수 $f(x)$의 증가와 감소를 표로 나타내면 다음과 같다.

x	$\cdots$	$\dfrac{a}{2}$	$\cdots$	-1	$\cdots$	0	$\cdots$
$f'(x)$	$-$	0	$+$		$-$	0	$+$
$f(x)$	$\searrow$	$-\dfrac{a^2}{4}$	$\nearrow$	$a+1$	$\searrow$	a	$\nearrow$

함수 $f(x)$는 $x = -1$에서 극댓값 $a + 1$을 가지고, $x = \dfrac{a}{2}$, $x = 0$에서 각각 극솟값 $-\dfrac{a^2}{4}$, a를 갖는다.

이때 함수 $f(x)$의 모든 극값의 합이 -11이므로

$$(a+1) + \left(-\frac{a^2}{4}\right) + a = -11$$

$$a^2 - 8a - 48 = 0, \ (a+4)(a-12) = 0$$

$$\therefore a = -4 \ (\because a < -2)$$

143 답 ③

ㄱ. 삼차방정식 $f(x) - 9x = 0$은 적어도 하나의 실근을 가지므로 방정식 $f(x) - 9x = 0$의 한 실근을 $\alpha \ (\alpha$는 실수)라 하자.
이때 함수 $|f(x) - 9x|$가 실수 전체의 집합에서 미분가능하려면

$$f(x) - 9x = (x - \alpha)^3$$

이어야 한다.
즉, 방정식 $f(x) - 9x = 0$의 실근의 개수는 α의 1이다. (참)

ㄴ. 조건 (나)에서

$x > 3$일 때, $f(x) \geq 0$

$x < 3$일 때, $f(x) \leq 0$

이므로 $x = 3$일 때, $f(3) = 0$이다. (참)

ㄷ. ㄱ, ㄴ에서 $f(x) = (x - \alpha)^3 + 9x$이고 $f(3) = 0$이므로

$$f(3) = (3 - \alpha)^3 + 27 = 0$$에서

$$3 - \alpha = -3$$

$$\therefore \alpha = 6$$

즉, $f(x) = (x - 6)^3 + 9x = x^3 - 18x^2 + 117x - 216$에서

$$f'(x) = 3x^2 - 36x + 117$$

$$\therefore f'(3) = 27 - 108 + 117$$

$$= 36 \ (\text{거짓})$$

따라서 옳은 것은 ㄱ, ㄴ이다.

144 답 ⑤

양수 x에 대하여 직선 $y = 3x + 1$과 곡선 $y = x^3 + 3$의 교점의 x좌표는

$3x + 1 = x^3 + 3$에서

$x^3 - 3x + 2 = 0, \ (x-1)^2(x+2) = 0$

$\therefore x = 1 \ (\because x > 0)$

즉, 직선 $y = 3x + 1$과 곡선 $y = x^3 + 3$은 오른쪽 그림과 같이 $x = 1$에서 접한다.

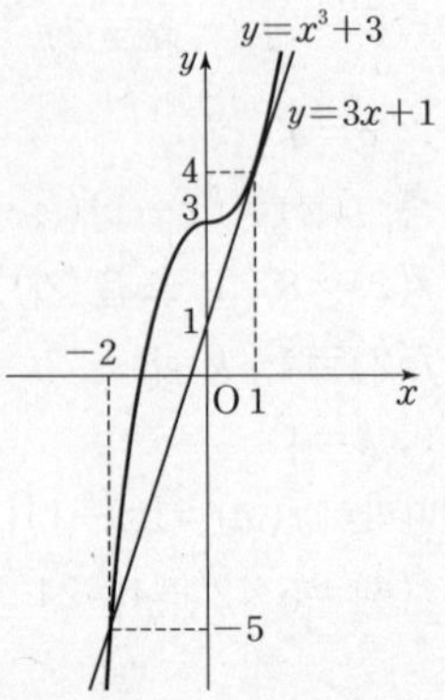

조건 (나)에 $x = 1$을 대입하면

$4 \leq f(1) \leq 4$이므로

$$f(1) = 4 \quad \cdots\cdots \ \bigcirc$$

또한, 조건 (나)에서 $x > 1$일 때

$$\frac{(3x+1) - 4}{x - 1} \leq \frac{f(x) - f(1)}{x - 1} \leq \frac{(x^3 + 3) - 4}{x - 1}$$

$$\frac{3(x-1)}{x-1} \leq \frac{f(x) - f(1)}{x - 1} \leq \frac{x^3 - 1}{x - 1}$$

이때

$$\lim_{x \to 1+} \frac{3(x-1)}{x-1} = 3,$$

$$\lim_{x \to 1+} \frac{x^3 - 1}{x - 1} = \lim_{x \to 1+} \frac{(x-1)(x^2 + x + 1)}{x - 1}$$

$$= \lim_{x \to 1+} (x^2 + x + 1) = 3$$

이므로 함수의 극한의 대소 관계에 의하여

$$\lim_{x \to 1+} \frac{f(x) - f(1)}{x - 1} = 3 \quad \cdots\cdots \ \bigcirc$$

$x < 1$일 때도 같은 방법으로

$$\lim_{x \to 1-} \frac{f(x) - f(1)}{x - 1} = 3 \quad \cdots\cdots \ \bigcirc$$

$\bigcirc$, $\bigcirc$에서

$$\lim_{x \to 1} \frac{f(x) - f(1)}{x - 1} = f'(1) = 3 \quad \cdots\cdots \ \bigcirc$$

모든 양의 실수 x에 대하여 $f(x) \leq x^3 + 3$이므로 $f(x)$는 최고차항의 계수가 1인 삼차 이하의 다항함수이다.

(i) $f(x)$가 일차함수인 경우

조건 (가)에서 $f(0) = 1$이므로

$$f(x) = x + 1$$

그런데 $\bigcirc$을 만족시키지 않으므로 조건을 만족시키는 일차함수 $f(x)$는 존재하지 않는다.

(ii) $f(x)$가 이차함수인 경우

조건 (가)에서 $f(0) = 1$이므로

$f(x) = x^2 + ax + 1 \ (a$는 상수)라 하면

$\bigcirc$에서 $f(1) = a + 2 = 4 \quad \therefore a = 2$

그런데 $f'(x) = 2x + 2$이므로 $f'(1) = 4$가 되어 $\bigcirc$을 만족시키지 않는다.

즉, 조건을 만족시키는 이차함수 $f(x)$는 존재하지 않는다.

(iii) $f(x)$가 삼차함수인 경우

조건 (가)에서 $f(0)=1$이므로

$f(x)=x^3+ax^2+bx+1$ (a, b는 상수)라 하면

㉠에서 $f(1)=a+b+2=4$ $\therefore a+b=2$ …… ㉤

$f'(x)=3x^2+2ax+b$이므로

㉣에서 $f'(1)=2a+b+3=3$ $\therefore 2a+b=0$ …… ㉥

㉤, ㉥을 연립하여 풀면 $a=-2$, $b=4$

$\therefore f(x)=x^3-2x^2+4x+1$

(i), (ii), (iii)에서 $f(x)=x^3-2x^2+4x+1$이므로

$f(-1)=-1-2-4+1=-6$

145   답 100

$f(x)=\dfrac{4}{3}x^3-(2n-1)^2x$에서

$f'(x)=4x^2-(2n-1)^2=4\left(x+\dfrac{2n-1}{2}\right)\left(x-\dfrac{2n-1}{2}\right)$

$f'(x)=0$에서 $x=-\dfrac{2n-1}{2}$ 또는 $x=\dfrac{2n-1}{2}$

함수 $f(x)$의 증가와 감소를 표로 나타내면 다음과 같다.

x	$\cdots$	$-\dfrac{2n-1}{2}$	$\cdots$	$\dfrac{2n-1}{2}$	$\cdots$
$f'(x)$	$+$	0	$-$	0	$+$
$f(x)$	↗	극대	↘	극소	↗

함수 $y=g(x)$의 그래프는 $x<k$일 때 함수 $y=f(x)$의 그래프와 같고, $x\geq k$일 때 함수 $y=f(x)$의 그래프 위의 점 $(k, f(k))$에서의 접선과 같다.

즉, 함수 $g(x)$가 극값을 두 개 갖도록 하는 함수 $y=g(x)$의 그래프는 다음 그림과 같다.

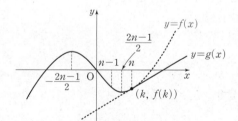

이때 $n-1<\dfrac{2n-1}{2}<n$이므로 함수 $g(x)$가 극값을 두 개 갖도록 하는 자연수 k의 최솟값 a_n은

$a_n=n$ $\therefore a_{100}=100$

146   답 ②

$f(x)=-x^3+\dfrac{3}{2}(k+2)x^2-6kx+7k-1$에서

$f'(x)=-3x^2+3(k+2)x-6k$

$\qquad =-3\{x^2-(k+2)x+2k\}$

$\qquad =-3(x-k)(x-2)$

$f'(x)=0$에서 $x=k$ 또는 $x=2$

이때 $x=k$, $x=2$의 좌우에서 각각 $f'(x)$의 부호가 바뀌므로 함수 $f(x)$는 $x=k$, $x=2$에서 극값을 갖는다.

한편,

$f(k)-f(2)=\left\{-k^3+\dfrac{3}{2}k^2(k+2)-6k^2+7k-1\right\}$
$\qquad\qquad\qquad -\{-8+6(k+2)-12k+7k-1\}$

$\qquad\qquad =\dfrac{1}{2}k^3-3k^2+6k-4=\dfrac{1}{2}(k-2)^3$

이때 $|f(k)-f(2)|=\dfrac{27}{2}$이므로

$\left|\dfrac{1}{2}(k-2)^3\right|=\dfrac{27}{2}$

$|(k-2)^3|=27$ $\therefore k=-1$ 또는 $k=5$

(i) $k=-1$일 때

$f(x)=-x^3+\dfrac{3}{2}x^2+6x-8$

$f'(x)=-3x^2+3x+6=-3(x+1)(x-2)$

$f'(x)=0$에서 $x=-1$ 또는 $x=2$

$x\geq 0$에서 함수 $f(x)$의 증가와 감소를 표로 나타내면 다음과 같다.

x	0	$\cdots$	2	$\cdots$
$f'(x)$		$+$	0	$-$
$f(x)$	-8	↗	2	↘

즉, $x\geq 0$에서 함수 $f(x)$는 $x=2$에서 최댓값 2를 가지므로 $f(x)\leq 2$이다.

(ii) $k=5$일 때

$f(x)=-x^3+\dfrac{21}{2}x^2-30x+34$

$f'(x)=-3x^2+21x-30=-3(x-2)(x-5)$

$f'(x)=0$에서 $x=2$ 또는 $x=5$

$x\geq 0$에서 함수 $f(x)$의 증가와 감소를 표로 나타내면 다음과 같다.

x	0	$\cdots$	2	$\cdots$	5	$\cdots$
$f'(x)$		$-$	0	$+$	0	$-$
$f(x)$	34	↘	8	↗	$\dfrac{43}{2}$	↘

즉, $x\geq 0$에서 함수 $f(x)$는 $x=0$에서 최댓값 34를 가지므로 $f(x)\leq 2$를 만족시키지 않는다.

(i), (ii)에서 구하는 실수 k의 값은 -1이다.

147   답 ②

조건 (가)에서 $f(1)=-3$이므로

$1+a+b=-3$

$\therefore b=-a-4$

$f(x)=x^3+ax^2-a-4$에서

$f'(x)=3x^2+2ax$

즉, 곡선 $y=f(x)$ 위의 점 $(t, f(t))$에서의 접선의 방정식은

$y-(t^3+at^2-a-4)=(3t^2+2at)(x-t)$

$\therefore y=(3t^2+2at)x-2t^3-at^2-a-4$ …… ㉠

접선 ㉠이 y축과 만나는 점 P는

$P(0, -2t^3-at^2-a-4)$이므로

$g(t)=|-2t^3-at^2-a-4|$

$\qquad =|2t^3+at^2+a+4|$

조건 (나)에서 함수 $g(t)$는 서로 다른 세 점에서 미분가능하지 않으므로 $h(t)=2t^3+at^2+a+4$라 하면

함수 $y=h(t)$의 그래프와 함수 $y=g(t)$의 그래프의 개형은 각각 다음 그림과 같아야 한다.

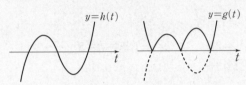

즉, 함수 $h(t)$의 극댓값과 극솟값의 곱은 음수이어야 한다.

$h(t)=2t^3+at^2+a+4$에서

$h'(t)=6t^2+2at=2t(3t+a)$

$h'(t)=0$에서 $t=0$ 또는 $t=-\dfrac{a}{3}$

이때

$h(0)=a+4,$

$h\left(-\dfrac{a}{3}\right)=\dfrac{1}{27}a^3+a+4$

$\qquad =\dfrac{1}{27}(a^3+27a+108)$

$\qquad =\dfrac{1}{27}(a+3)(a^2-3a+36)$

이고 $h(0)h\left(-\dfrac{a}{3}\right)<0$이어야 하므로

$\dfrac{1}{27}(a+4)(a+3)(a^2-3a+36)<0$

$(a+4)(a+3)<0$ $(\because a^2-3a+36>0)$

$\therefore -4<a<-3$

따라서 $\alpha=-4$, $\beta=-3$이므로

$\alpha+\beta=-4+(-3)=-7$

148   답 ④

$f'(x)=3x(x-2)=3x^2-6x$이므로

$f(x)=\displaystyle\int (3x^2-6)\,dx$

$\qquad =x^3-3x^2+C$ (단, C는 적분상수)

$f(1)=6$이므로

$1-3+C=6$ $\therefore C=8$

따라서 $f(x)=x^3-3x^2+8$이므로

$f(2)=8-12+8=4$

149   답 ①

$\displaystyle\int_0^2 (3x^2+6x)\,dx=\left[x^3+3x^2\right]_0^2$

$\qquad\qquad\qquad\quad =8+12$

$\qquad\qquad\qquad\quad =20$

150   답 ①

$\displaystyle\int_0^a (3x^2-4)\,dx=\left[x^3-4x\right]_0^a=a^3-4a$

$\displaystyle\int_0^a (3x^2-4)\,dx=0$에서

$a^3-4a=0$, $a(a+2)(a-2)=0$

$\therefore a=-2$ 또는 $a=0$ 또는 $a=2$

이때 $a>0$이므로

$a=2$

151   답 ①

$\displaystyle\int_2^{-2} (x^3+3x^2)\,dx=-\int_{-2}^2 (x^3+3x^2)\,dx$

$\qquad\qquad\qquad\qquad =-2\displaystyle\int_0^2 3x^2\,dx$

$\qquad\qquad\qquad\qquad =-2\left[x^3\right]_0^2$

$\qquad\qquad\qquad\qquad =-2\times 8$

$\qquad\qquad\qquad\qquad =-16$

152   답 ②

$f(x)=\displaystyle\int_1^x (t-2)(t-3)\,dt$의 양변을 x에 대하여 미분하면

$f'(x)=(x-2)(x-3)$

$\therefore f'(4)=2\times 1=2$

153 답 ④

곡선 $y=3x^2-x$와 직선 $y=5x$의 교점의 x좌표는

$3x^2-x=5x$에서

$3x^2-6x=0$, $3x(x-2)=0$

$\therefore x=0$ 또는 $x=2$

따라서 구하는 넓이는

$$\int_0^2 |5x-(3x^2-x)|\,dx=\int_0^2 (-3x^2+6x)\,dx$$
$$=\left[-x^3+3x^2\right]_0^2$$
$$=-8+12=4$$

154 답 ①

$v(t)=-2t+4$이므로 $t=0$부터 $t=4$까지 점 P가 움직인 거리는

$$\int_0^4 |-2t+4|\,dt=\int_0^2 (-2t+4)\,dt+\int_2^4 (2t-4)\,dt$$
$$=\left[-t^2+4t\right]_0^2+\left[t^2-4t\right]_2^4$$
$$=(-4+8)+\{(16-16)-(4-8)\}=8$$

다른 풀이

$t=0$에서 $t=4$까지 점 P가 움직인 거리는 속도 $v(t)$의 그래프와 t축 및 두 직선 $t=0$, $t=4$로 둘러싸인 부분의 넓이와 같으므로

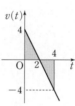

$\dfrac{1}{2}\times2\times4+\dfrac{1}{2}\times2\times4=8$

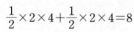
유형별 문제로 수능 대비하기   본문 66~82쪽

155 답 ④

$$f(x)=\int f'(x)\,dx$$
$$=\int \{6x^2-2f(1)x\}\,dx$$
$$=2x^3-f(1)x^2+C \text{ (단, }C\text{는 적분상수)}$$

이때 $f(0)=4$이므로 $C=4$

$\therefore f(x)=2x^3-f(1)x^2+4$

위의 식에 $x=1$을 대입하면

$f(1)=2-f(1)+4$

$2f(1)=6 \quad \therefore f(1)=3$

따라서 $f(x)=2x^3-3x^2+4$이므로

$f(2)=16-12+4=8$

156 답 ①

곡선 $y=f(x)$ 위의 임의의 점 $(t, f(t))$에서의 접선의 기울기는 $f'(t)$이므로

$f'(t)=2t-3$

$$\therefore f(t)=\int f'(t)\,dt$$
$$=\int (2t-3)\,dt$$
$$=t^2-3t+C \text{ (단, }C\text{는 적분상수)}$$

이때 곡선 $y=f(x)$가 원점을 지나므로

$f(0)=0$에서 $C=0$

따라서 $f(x)=x^2-3x$이므로

$f(1)=1-3=-2$

157 답 16

$$f(x)=\int f'(x)\,dx$$
$$=\int (6x^2+2x-1)\,dx$$
$$=2x^3+x^2-x+C \text{ (단, }C\text{는 적분상수)}$$

이때 $f(1)=0$이므로

$2+1-1+C=0$

$\therefore C=-2$

따라서 $f(x)=2x^3+x^2-x-2$이므로

$f(2)=16+4-2-2=16$

158 답 ①

$h(x)=f(x)-g(x)$라 하면

$h'(x)=f'(x)-g'(x)=3x^2+6x-4$이고

$h(1)=f(1)-g(1)=2 \quad \cdots\cdots \ \ominus$

$$h(x)=\int h'(x)\,dx$$
$$=\int (3x^2+6x-4)\,dx$$
$$=x^3+3x^2-4x+C \text{ (단, }C\text{는 적분상수)}$$

$\ominus$에서

$h(1)=1+3-4+C=2$

$\therefore C=2$

$\therefore h(x)=x^3+3x^2-4x+2$

따라서 $h(2)=f(2)-g(2)=8+12-8+2=14$이고

$f(2)=20$이므로

$g(2)=20-14=6$

159 답 ①

(i) $x<1$일 때

$$f(x)=\int (2x+2)\,dx$$
$$=x^2+2x+C_1 \text{ (단, }C_1\text{은 적분상수)}$$

$f(0)=1$이므로

$C_1=1$

$\therefore f(x)=x^2+2x+1$

(ii) $x \geq 1$일 때

$$f(x) = \int 4x \, dx$$

$$= 2x^2 + C_2 \ (단, \ C_2는 \ 적분상수)$$

함수 $f(x)$는 $x = 1$에서 연속이므로

$$\lim_{x \to 1+} f(x) = \lim_{x \to 1-} f(x) = f(1)$$

$2 + C_2 = 4$에서 $C_2 = 2$

$$\therefore f(x) = 2x^2 + 2$$

(i), (ii)에서

$$f(x) = \begin{cases} x^2 + 2x + 1 & (x < 1) \\ 2x^2 + 2 & (x \geq 1) \end{cases}$$

$$\therefore f(2) + f(-2) = (8+2) + (4-4+1) = 11$$

160 답 ②

조건 (가)에서

$$f(x) = \int f'(x) \, dx$$

$$= \int (6x^2 + 6x - 12) \, dx$$

$$= 2x^3 + 3x^2 - 12x + C \ (단, \ C는 \ 적분상수)$$

$$f'(x) = 6x^2 + 6x - 12 = 6(x+2)(x-1)$$

$f'(x) = 0$에서 $x = -2$ 또는 $x = 1$

함수 $f(x)$의 증가와 감소를 표로 나타내면 다음과 같다.

x	$\cdots$	-2	$\cdots$	1	$\cdots$
$f'(x)$	$+$	0	$-$	0	$+$
$f(x)$	$\nearrow$	$20+C$	$\searrow$	$-7+C$	$\nearrow$

즉, 함수 $f(x)$는 $x = -2$에서 극댓값, $x = 1$에서 극솟값을 갖는다.

조건 (나)에서 $f(1) = -15$이므로

$$-7 + C = -15$$

$$\therefore C = -8$$

따라서 $f(x) = 2x^3 + 3x^2 - 12x - 8$이므로

함수 $f(x)$의 극댓값은

$$f(-2) = -16 + 12 + 24 - 8 = 12$$

161 답 10

$x - 3 = 0$에서 $x = 3$이므로

$$|x-3| = \begin{cases} -(x-3) & (x < 3) \\ x-3 & (x \geq 3) \end{cases}$$

$$\therefore \int_1^4 (x + |x-3|) \, dx$$

$$= \int_1^3 \{x - (x-3)\} \, dx + \int_3^4 \{x + (x-3)\} \, dx$$

$$= \int_1^3 3 \, dx + \int_3^4 (2x-3) \, dx$$

$$= \left[3x \right]_1^3 + \left[x^2 - 3x \right]_3^4$$

$$= (9-3) + \{(16-12) - (9-9)\}$$

$$= 10$$

162 답 ①

$$\int_1^2 (x^3 - ax) \, dx = \left[\frac{1}{4}x^4 - \frac{1}{2}ax^2 \right]_1^2$$

$$= (4 - 2a) - \left(\frac{1}{4} - \frac{1}{2}a \right)$$

$$= \frac{15}{4} - \frac{3}{2}a$$

이므로

$\dfrac{15}{4} - \dfrac{3}{2}a = 3$에서

$$\frac{3}{2}a = \frac{3}{4}$$

$$\therefore a = \frac{1}{2}$$

163 답 ②

$$\int_0^2 \frac{x^3}{x+1} \, dx + \int_0^2 \frac{1}{t+1} \, dt = \int_0^2 \frac{x^3}{x+1} \, dx + \int_0^2 \frac{1}{x+1} \, dx$$

$$= \int_0^2 \left(\frac{x^3}{x+1} + \frac{1}{x+1} \right) dx$$

$$= \int_0^2 \frac{x^3+1}{x+1} \, dx$$

$$= \int_0^2 \frac{(x+1)(x^2-x+1)}{x+1} \, dx$$

$$= \int_0^2 (x^2 - x + 1) \, dx$$

$$= \left[\frac{1}{3}x^3 - \frac{1}{2}x^2 + x \right]_0^2$$

$$= \frac{8}{3} - 2 + 2 = \frac{8}{3}$$

164 답 ②

$x - 1 = 0$에서 $x = 1$이므로

$$x^2|x-1| = \begin{cases} -x^2(x-1) & (x < 1) \\ x^2(x-1) & (x \geq 1) \end{cases}$$

$$\therefore \int_0^2 x^2|x-1| \, dx$$

$$= \int_0^1 \{-x^2(x-1)\} \, dx + \int_1^2 x^2(x-1) \, dx$$

$$= \int_0^1 (-x^3 + x^2) \, dx + \int_1^2 (x^3 - x^2) \, dx$$

$$= \left[-\frac{1}{4}x^4 + \frac{1}{3}x^3 \right]_0^1 + \left[\frac{1}{4}x^4 - \frac{1}{3}x^3 \right]_1^2$$

$$= \left(-\frac{1}{4} + \frac{1}{3} \right) + \left\{ \left(4 - \frac{8}{3} \right) - \left(\frac{1}{4} - \frac{1}{3} \right) \right\}$$

$$= \frac{3}{2}$$

165 답 ②

$\displaystyle\int_4^2 f(x) \, dx = -3$에서

$\displaystyle\int_2^4 f(x) \, dx = 3$이고

$\int_0^2 f(x)\,dx+\int_2^4 f(x)\,dx=\int_0^4 f(x)\,dx$이므로

$\int_0^4 f(x)\,dx=5+3=8$

이때 $\int_0^1 f(x)\,dx+\int_1^4 f(x)\,dx=\int_0^4 f(x)\,dx$이므로

$\int_0^1 f(x)\,dx+6=8$

$\therefore \int_0^1 f(x)\,dx=2$

166 답 ④

조건 (가)에서 모든 실수 x에 대하여 $f'(x)>0$이므로 함수 $f(x)$
는 실수 전체의 집합에서 증가하는 함수이다.
또한, 조건 (나)에서 $f(3)=0$이므로
$0<x<3$일 때 $f(x)<0$
$3<x<6$일 때 $f(x)>0$

$\int_0^3 |f(x)|\,dx=\int_0^3 \{-f(x)\}\,dx=2$

$\therefore \int_0^3 f(x)\,dx=-2$

$\int_3^6 |f(x)|\,dx=\int_3^6 f(x)\,dx=15$

$\therefore \int_0^6 f(x)\,dx=\int_0^3 f(x)\,dx+\int_3^6 f(x)\,dx$

$\qquad\qquad =-2+15=13$

167 답 24

$\int_{-3}^2 (2x^3+6|x|)\,dx-\int_{-3}^{-2} (2x^3-6x)\,dx$

$=\int_{-3}^{-2} (2x^3+6|x|)\,dx+\int_{-2}^2 (2x^3+6|x|)\,dx$

$\qquad\qquad\qquad\qquad\quad -\int_{-3}^{-2} (2x^3-6x)\,dx$

$=\int_{-3}^{-2} (2x^3-6x)\,dx+\int_{-2}^2 (2x^3+6|x|)\,dx$

$\qquad\qquad\qquad\qquad\quad -\int_{-3}^{-2} (2x^3-6x)\,dx$

$=\int_{-2}^2 (2x^3+6|x|)\,dx \quad\cdots\cdots\ ㉠$

$=\int_{-2}^2 2x^3\,dx+\int_{-2}^2 6|x|\,dx$

$=0+2\int_0^2 6x\,dx$

$=2\Big[3x^2\Big]_0^2$

$=2\times 12$

$=24$

다른 풀이

㉠에서 $2x^3+6|x|=\begin{cases} 2x^3-6x & (x<0) \\ 2x^3+6x & (x\geq 0) \end{cases}$이므로

$\int_{-2}^2 (2x^3+6|x|)\,dx=\int_{-2}^0 (2x^3-6x)\,dx+\int_0^2 (2x^3+6x)\,dx$

$\qquad\qquad =\Big[\frac{1}{2}x^4-3x^2\Big]_{-2}^0+\Big[\frac{1}{2}x^4+3x^2\Big]_0^2$

$\qquad\qquad =4+20=24$

168 답 ③

$\int_{-a}^a (x^3-4x+4)\,dx=2\int_0^a 4\,dx$

$\qquad\qquad\qquad =2\Big[4x\Big]_0^a$

$\qquad\qquad\qquad =8a$

이므로 $\int_{-a}^a (x^3-4x+4)\,dx=24$에서

$8a=24 \qquad \therefore a=3$

169 답 ⑤

$\int_{-2}^2 (ax^2+x)\,dx=\int_{-2}^2 (x^2-3x)\,dx+4$에서

$\int_{-2}^2 (ax^2+x)\,dx-\int_{-2}^2 (x^2-3x)\,dx=4 \quad\cdots\cdots\ ㉠$

이때

$\int_{-2}^2 (ax^2+x)\,dx-\int_{-2}^2 (x^2-3x)\,dx$

$=\int_{-2}^2 \{(ax^2+x)-(x^2-3x)\}\,dx$

$=\int_{-2}^2 \{(a-1)x^2+4x\}\,dx$

$=2(a-1)\int_0^2 x^2\,dx$

$=2(a-1)\times\Big[\frac{1}{3}x^3\Big]_0^2$

$=2(a-1)\times\frac{8}{3}$

$=\frac{16}{3}(a-1)$

㉠에서 $\frac{16}{3}(a-1)=4$이므로

$a=\frac{7}{4}$

170 답 ④

모든 실수 x에 대하여 $f(x+4)=f(x)$이므로

$\int_0^2 f(x)\,dx=\int_4^6 f(x)\,dx$

$\therefore \int_0^4 f(x)\,dx=\int_0^2 f(x)\,dx+\int_2^4 f(x)\,dx$

$\qquad\qquad =\int_4^6 f(x)\,dx+\int_2^4 f(x)\,dx$

$\qquad\qquad =\int_2^6 f(x)\,dx=4$

$$\therefore \int_{-6}^{6} f(x)\,dx = \int_{-6}^{-2} f(x)\,dx + \int_{-2}^{2} f(x)\,dx + \int_{2}^{6} f(x)\,dx$$
$$= 3\int_{2}^{6} f(x)\,dx$$
$$= 3 \times 4 = 12$$

171 답 ⑤

$f(-x) = f(x)$이므로 함수 $y = f(x)$의 그래프는 y축에 대하여 대칭이다.

즉, $\displaystyle\int_{-a}^{a} f(x)\,dx = 2\int_{0}^{a} f(x)\,dx$

$g(x) = xf(x)$라 하면

$g(-x) = (-x)f(-x) = -xf(x) = -g(x)$

즉, 함수 $y = g(x)$의 그래프는 원점에 대하여 대칭이므로

$$\int_{-a}^{a} xf(x)\,dx = 0$$

$$\therefore \int_{-3}^{3} (x+2)f(x)\,dx = \int_{-3}^{3} xf(x)\,dx + 2\int_{-3}^{3} f(x)\,dx$$
$$= 0 + 2 \times 2\int_{0}^{3} f(x)\,dx$$
$$= 4 \times 6 = 24$$

172 답 ⑤

$8x^2 + ax + b = 0$의 한 근이 2이므로

$32 + 2a + b = 0$ ······ ㉠

한편,

$$\int_{2-h}^{2+h} (8x^2 + ax + b)\,dx$$
$$= \int_{-h}^{h} \{8(x+2)^2 + a(x+2) + b\}\,dx$$
$$= \int_{-h}^{h} \{8x^2 + (32+a)x + 32 + 2a + b\}\,dx$$
$$= \int_{-h}^{h} \{8x^2 + (32+a)x\}\,dx \ (\because ㉠)$$
$$= 2\int_{0}^{h} 8x^2\,dx$$
$$= 2\left[\frac{8}{3}x^3\right]_{0}^{h}$$
$$= \frac{16}{3}h^3$$

이므로

$$\int_{2-h}^{2+h} (8x^2 + ax + b)\,dx = 18 \text{에서}$$

$\dfrac{16}{3}h^3 = 18, \ h^3 = \dfrac{27}{8}$ $\therefore h = \dfrac{3}{2}$ $(\because h$는 실수$)$

173 답 ③

모든 실수 x에 대하여

$\displaystyle\int_{0}^{x} f(t)\,dt = \int_{-x}^{0} g(t)\,dt$이므로

$$\int_{0}^{-2} f(x)\,dx = \int_{2}^{0} g(x)\,dx, \ \text{즉} \int_{-2}^{0} f(x)\,dx = \int_{0}^{2} g(x)\,dx$$

$$\int_{-2}^{2} f(x)\,dx = \int_{-2}^{0} f(x)\,dx + \int_{0}^{2} f(x)\,dx$$
$$= \int_{0}^{2} g(x)\,dx + \int_{0}^{2} f(x)\,dx$$
$$= \int_{0}^{2} \{f(x) + g(x)\}\,dx$$

이때 $f(x) + g(x) = x^2 - a$이므로

$$\int_{0}^{2} \{f(x) + g(x)\}\,dx = \int_{0}^{2} (x^2 - a)\,dx$$
$$= \left[\frac{1}{3}x^3 - ax\right]_{0}^{2}$$
$$= \frac{8}{3} - 2a$$

따라서 $\displaystyle\int_{-2}^{2} f(x)\,dx = \frac{1}{3}$에서

$\dfrac{8}{3} - 2a = \dfrac{1}{3}$ $\therefore a = \dfrac{7}{6}$

174 답 ②

조건 (가)에서 $f(-x) = -f(x)$이므로 함수 $y = f(x)$의 그래프는 원점에 대하여 대칭이다.

즉, $\displaystyle\int_{-a}^{a} f(x)\,dx = 0$이므로

$$\int_{-2}^{1} f(x)\,dx = \int_{-2}^{2} f(x)\,dx - \int_{1}^{2} f(x)\,dx$$
$$= 0 - \int_{1}^{2} f(x)\,dx$$
$$= 3$$

$$\therefore \int_{1}^{2} f(x)\,dx = -3 \quad ······ ㉠$$

$$\int_{-1}^{4} f(x)\,dx = \int_{-1}^{1} f(x)\,dx + \int_{1}^{4} f(x)\,dx$$
$$= 0 + \int_{1}^{4} f(x)\,dx$$
$$= 8$$

$$\therefore \int_{1}^{4} f(x)\,dx = 8 \quad ······ ㉡$$

㉠, ㉡에서

$$\int_{2}^{4} f(x)\,dx = \int_{1}^{4} f(x)\,dx - \int_{1}^{2} f(x)\,dx$$
$$= 8 - (-3) = 11$$

175 답 ②

$\displaystyle\int_{1}^{x} f(t)\,dt = x^3 - ax + 1$의 양변에 $x = 1$을 대입하면

$0 = 1 - a + 1$ $\therefore a = 2$

$\displaystyle\int_{1}^{x} f(t)\,dt = x^3 - 2x + 1$의 양변을 x에 대하여 미분하면

$f(x) = 3x^2 - 2$

$\therefore f(2) = 12 - 2 = 10$

176 답 ②

$f(x)=\displaystyle\int_0^x (3at^2-2at-1)\,dt$의 양변을 x에 대하여 미분하면

$f'(x)=3ax^2-2ax-1$

이때 $f'(2)=15$이므로

$12a-4a-1=15$

$8a=16$

$\therefore a=2$

177 답 ①

$f(x)=\displaystyle\int_1^x 2x(t-2)\,dt=2x\int_1^x (t-2)\,dt$

위의 식의 양변을 x에 대하여 미분하면

$f'(x)=2\displaystyle\int_1^x (t-2)\,dt+2x(x-2)$

$\therefore f'(3)=2\displaystyle\int_1^3 (t-2)\,dt+2\times3\times1$

$\qquad =2\left[\dfrac{1}{2}t^2-2t\right]_1^3+6$

$\qquad =2\left\{\left(\dfrac{9}{2}-6\right)-\left(\dfrac{1}{2}-2\right)\right\}+6$

$\qquad =6$

178 답 ④

$\displaystyle\int_0^x f(t)\,dt=xf(x)-4x^3-2x^2$의 양변을 x에 대하여 미분하면

$f(x)=f(x)+xf'(x)-12x^2-4x$

$xf'(x)=12x^2+4x$

$\therefore f'(x)=12x+4$

$\therefore f(x)=\displaystyle\int(12x+4)\,dx=6x^2+4x+C$ (단, C는 적분상수)

이때 $f(1)=5$이므로

$f(1)=6+4+C=5$

$\therefore C=-5$

따라서 $f(x)=6x^2+4x-5$이므로

$f(-1)=6-4-5=-3$

179 답 ③

$\displaystyle\int_0^x \{f'(t)\}^2\,dt=4f(x)-4$ $\qquad$ ……㉠

㉠의 양변을 x에 대하여 미분하면

$\{f'(x)\}^2=4f'(x)$

$f'(x)\{f'(x)-4\}=0$

$f(x)$는 상수함수가 아니므로

$f'(x)=4$

$\therefore f(x)=\displaystyle\int 4\,dx=4x+C$ (단, C는 적분상수) ……㉡

㉠의 양변에 $x=0$을 대입하면

$0=4f(0)-4$ $\qquad \therefore f(0)=1$

㉡에서 $f(0)=C=1$

$\therefore f(x)=4x+1$

$\therefore \displaystyle\int_0^1 f(x)\,dx=\int_0^1 (4x+1)\,dx$

$\qquad =\left[2x^2+x\right]_0^1$

$\qquad =2+1=3$

180 답 ②

$\displaystyle\int_{-1}^x f(x)\,dx=f(x)+x^3+a$ $\qquad$ ……㉠

㉠의 양변을 x에 대하여 미분하면

$f(x)=f'(x)+3x^2$ $\qquad$ ……㉡

이때 $f(x)$가 이차식이므로 $f'(x)$는 일차식이다.

따라서 $f(x)$의 이차항의 계수는 3이므로

$f(x)=3x^2+px+q$ (p, q는 상수)라 하면

$f'(x)=6x+p$이므로 ㉡에서

$3x^2+px+q=3x^2+6x+p$

$\therefore p=6,\ q=6$

$\therefore f(x)=3x^2+6x+6$

㉠의 양변에 $x=-1$을 대입하면

$0=f(-1)-1+a$

$\therefore a=1-f(-1)$

$\qquad =1-(3-6+6)=-2$

181 답 ③

$f(x)=\displaystyle\int_0^x (2t^2+t-1)\,dt$이므로

$f'(x)=2x^2+x-1=(x+1)(2x-1)$

$f'(x)=0$에서 $x=-1$ 또는 $x=\dfrac{1}{2}$

함수 $f(x)$의 증가와 감소를 표로 나타내면 다음과 같다.

x	$\cdots$	-1	$\cdots$	$\dfrac{1}{2}$	$\cdots$
$f'(x)$	$+$	0	$-$	0	$+$
$f(x)$	$\nearrow$	극대	$\searrow$	극소	$\nearrow$

즉, 함수 $f(x)$는 $x=-1$에서 극댓값, $x=\dfrac{1}{2}$에서 극솟값을 가지므로

$M=f(-1)$

$\quad =\displaystyle\int_0^{-1} (2t^2+t-1)\,dt$

$\quad =-\displaystyle\int_{-1}^0 (2t^2+t-1)\,dt$

$\quad =-\left[\dfrac{2}{3}t^3+\dfrac{1}{2}t^2-t\right]_{-1}^0$

$\quad =-\dfrac{2}{3}+\dfrac{1}{2}+1=\dfrac{5}{6}$

$$m=f\left(\frac{1}{2}\right)$$
$$=\int_0^{\frac{1}{2}}(2t^2+t-1)\,dt$$
$$=\left[\frac{2}{3}t^3+\frac{1}{2}t^2-t\right]_0^{\frac{1}{2}}$$
$$=\frac{1}{12}+\frac{1}{8}-\frac{1}{2}$$
$$=-\frac{7}{24}$$
$$\therefore M+m=\frac{5}{6}+\left(-\frac{7}{24}\right)=\frac{13}{24}$$

182 답 ⑤

$\int_0^1 g(t)\,dt=a$, $\int_0^1 f(t)\,dt=b$ $(a,\ b$는 상수$)$라 하면
$f(x)=2x+1+a$, $g(x)=4x-3+2b$이므로
$$a=\int_0^1 g(t)\,dt$$
$$=\int_0^1(4t-3+2b)\,dt$$
$$=\left[2t^2+(-3+2b)t\right]_0^1$$
$$=2+(-3+2b)$$
$$\therefore a-2b=-1 \qquad \cdots\cdots \text{㉠}$$
$$b=\int_0^1 f(t)\,dt$$
$$=\int_0^1(2t+1+a)\,dt$$
$$=\left[t^2+(1+a)t\right]_0^1$$
$$=1+(1+a)$$
$$\therefore a-b=-2 \qquad \cdots\cdots \text{㉡}$$
㉠, ㉡을 연립하여 풀면
$a=-3$, $b=-1$
따라서 $f(x)=2x+1-3=2x-2$,
$g(x)=4x-3+2\times(-1)=4x-5$이므로
$f(2)+g(2)=(4-2)+(8-5)=5$

183 답 ①

$\int_{-1}^x(x-t)f(t)\,dt=x^3+ax+b$에서
$$x\int_{-1}^x f(t)\,dt-\int_{-1}^x tf(t)\,dt=x^3+ax+b \qquad \cdots\cdots \text{㉠}$$
㉠의 양변에 $x=-1$을 대입하면
$0=-1-a+b \qquad \therefore a-b=-1 \qquad \cdots\cdots \text{㉡}$
㉠의 양변을 x에 대하여 미분하면
$$\int_{-1}^x f(t)\,dt+xf(x)-xf(x)=3x^2+a$$
$$\therefore \int_{-1}^x f(t)\,dt=3x^2+a \qquad \cdots\cdots \text{㉢}$$

㉢의 양변에 $x=-1$을 대입하면
$0=3+a \qquad \therefore a=-3$
$a=-3$을 ㉡에 대입하면
$-3-b=-1 \qquad \therefore b=-2$
㉢의 양변을 x에 대하여 미분하면
$f(x)=6x$
$$\therefore f(a)+f(b)=f(-3)+f(-2)$$
$$=-18+(-12)$$
$$=-30$$

184 답 ①

$$\int_0^2 f(t)\,dt=k\ (k\text{는 상수}) \qquad \cdots\cdots \text{㉠}$$
라 하면
$$\int_0^x(x-t)f(t)\,dt=2x^3+\frac{3}{4}kx^2$$
$$x\int_0^x f(t)\,dt-\int_0^x tf(t)\,dt=2x^3+\frac{3}{4}kx^2$$
위의 식의 양변을 x에 대하여 미분하면
$$\int_0^x f(t)\,dt+xf(x)-xf(x)=6x^2+\frac{3}{2}kx$$
$$\therefore \int_0^x f(t)\,dt=6x^2+\frac{3}{2}kx \qquad \cdots\cdots \text{㉡}$$
㉡의 양변을 x에 대하여 미분하면
$$f(x)=12x+\frac{3}{2}k$$
이 식을 ㉠에 대입하면
$$\int_0^2\left(12t+\frac{3}{2}k\right)dt=\left[6t^2+\frac{3}{2}kt\right]_0^2$$
$$=24+3k=k$$
$$\therefore k=-12$$
따라서 $f(x)=12x-18$이므로
$f(5)=60-18=42$

185 답 ①

$$F(x)=xf(x)+x^3+\int_3^x f(t)\,dt \qquad \cdots\cdots \text{㉠}$$
라 하면 $F(x)$가 $(x-3)^2$으로 나누어떨어지므로
$F(3)=0$
또한, $F(x)=(x-3)^2 Q(x)=(x^2-6x+9)Q(x)$
$(Q(x)$는 다항함수$)$라 나타낼 수 있다.
$$F'(x)=(2x-6)Q(x)+(x^2-6x+9)Q'(x)$$
$$=(x-3)\{2Q(x)+(x-3)Q'(x)\}$$
이므로 $F'(3)=0$
㉠에 $x=3$을 대입하면
$$F(3)=3f(3)+27+\int_3^3 f(t)\,dt=0$$
$$\therefore f(3)=-9$$

또한, ㉠의 양변을 x에 대하여 미분하면
$$F'(x)=f(x)+xf'(x)+3x^2+f(x)$$
$$=2f(x)+xf'(x)+3x^2$$
위의 식에 $x=3$을 대입하면
$$F'(3)=2f(3)+3f'(3)+27$$
이때 $F'(3)=0$이므로
$$-18+3f'(3)+27=0$$
$$\therefore f'(3)=-3$$
따라서 $f'(x)$를 $(x-3)^2$으로 나누었을 때의 나머지는
$f'(3)=-3$이다.

186 답 ①

함수 $f(x)$의 한 부정적분을 $F(x)$라 하면
$$\lim_{x\to-2}\frac{1}{x^2-4}\int_{-2}^{x}f(t)\,dt=\lim_{x\to-2}\frac{F(x)-F(-2)}{x^2-4}$$
$$=\lim_{x\to-2}\left\{\frac{F(x)-F(-2)}{x-(-2)}\times\frac{1}{x-2}\right\}$$
$$=F'(-2)\times\left(-\frac{1}{4}\right)$$
$$=f(-2)\times\left(-\frac{1}{4}\right)$$
$$=12\times\left(-\frac{1}{4}\right)$$
$$=-3$$

187 답 ④

$g(x)=\{xf(x)\}^2$이라 하고
함수 $g(x)$의 한 부정적분을 $G(x)$라 하면
$$\lim_{x\to-1}\frac{1}{x+1}\int_{-1}^{x}g(t)\,dt=\lim_{x\to-1}\frac{G(x)-G(-1)}{x-(-1)}$$
$$=G'(-1)$$
$$=g(-1)$$
$$=\{-1\times f(-1)\}^2$$
$$=(1-4+7)^2$$
$$=16$$

188 답 ④

함수 $xf(x)$의 한 부정적분을 $F(x)$라 하면
$$\lim_{x\to1}\frac{1}{x-1}\int_{1}^{x^3}tf(t)\,dt$$
$$=\lim_{x\to1}\frac{F(x^3)-F(1)}{x-1}$$
$$=\lim_{x\to1}\left\{\frac{F(x^3)-F(1)}{x-1}\times\frac{x^2+x+1}{x^2+x+1}\right\}$$
$$=\lim_{x\to1}\left\{\frac{F(x^3)-F(1)}{x^3-1}\times(x^2+x+1)\right\}$$
$$=3F'(1)$$
$$=3f(1)$$

이므로
$$\lim_{x\to1}\frac{1}{x-1}\int_{1}^{x^3}tf(t)\,dt=27에서$$
$$3f(1)=27 \qquad \therefore f(1)=9$$
함수 $f(x)=3x^3-x^2+4x+a$의 양변에 $x=1$을 대입하면
$$f(1)=3-1+4+a=a+6=9$$
$$\therefore a=3$$

189 답 ②

$f(x)=x^2+ax+b$ (a, b는 상수)라 하면
$$\int_{-1}^{1}xf(x)\,dx=\int_{-1}^{1}x(x^2+ax+b)\,dx$$
$$=2a\int_{0}^{1}x^2\,dx$$
$$=2a\left[\frac{1}{3}x^3\right]_{0}^{1}$$
$$=\frac{2a}{3}$$
이므로 $\int_{-1}^{1}xf(x)\,dx=0$에서
$$\frac{2a}{3}=0 \qquad \therefore a=0$$
$$\int_{-2}^{2}x^2f(x)\,dx=\int_{-2}^{2}x^2(x^2+b)\,dx$$
$$=2\int_{0}^{2}(x^4+bx^2)\,dx$$
$$=2\left[\frac{1}{5}x^5+\frac{b}{3}x^3\right]_{0}^{2}$$
$$=\frac{192+80b}{15}$$
이므로 $\int_{-2}^{2}x^2f(x)\,dx=\frac{32}{15}$에서
$$\frac{192+80b}{15}=\frac{32}{15},\ 192+80b=32$$
$$\therefore b=-2 \qquad \therefore f(x)=x^2-2$$
함수 $f(x)$의 한 부정적분을 $F(x)$라 하면
$$\lim_{x\to1}\frac{1}{x-1}\int_{1}^{x}f(t)\,dt=\lim_{x\to1}\frac{F(x)-F(1)}{x-1}$$
$$=F'(1)=f(1)$$
$$=1-2=-1$$

190 답 ③

$0\le x\le2$에서 $x^2-2x\le0$이므로 구하는 넓이를 S라 하면
$$S=\int_{0}^{2}(|x^2-2x|+1)\,dx$$
$$=\int_{0}^{2}(-x^2+2x+1)\,dx$$
$$=\left[-\frac{1}{3}x^3+x^2+x\right]_{0}^{2}$$
$$=-\frac{8}{3}+4+2=\frac{10}{3}$$

191 답 ③

$a>0$이므로 $0<x<a$에서 $x^2-ax<0$

따라서 곡선 $y=x^2-ax$와 x축으로 둘러싸인 부분의 넓이는

$$\int_0^a (-x^2+ax)\,dx=\left[-\frac{1}{3}x^3+\frac{a}{2}x^2\right]_0^a$$
$$=-\frac{1}{3}a^3+\frac{1}{2}a^3$$
$$=\frac{1}{6}a^3=36$$

$\therefore a=6$

192 답 6

$y=x^2-6x+k=(x-3)^2+k-9$

이므로 그래프는 직선 $x=3$에 대하여 대칭
이다.

이때 두 부분 A, B의 넓이의 비가 $1:2$
이므로 오른쪽 그림에서 두 부분 A, C의
넓이는 같다.

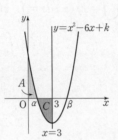

$f(x)=x^2-6x+k$라 하면

$\int_0^3 f(x)\,dx=0$이므로

$$\int_0^3 f(x)\,dx=\int_0^3 (x^2-6x+k)\,dx$$
$$=\left[\frac{1}{3}x^3-3x^2+kx\right]_0^3$$
$$=9-27+3k=0$$

$3k=18$ $\quad\therefore k=6$

193 답 ②

$f(x)=x(x-a)(x-a-1)=0$에서
$x=0$ 또는 $x=a$ 또는 $x=a+1$

a가 양수이므로 삼차함수 $y=f(x)$의
그래프는 오른쪽 그림과 같다.

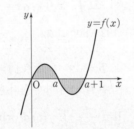

그런데 삼차함수 $y=f(x)$의 그래프와
x축으로 둘러싸인 두 부분의 넓이가 같
으려면 $\int_0^{a+1} f(x)\,dx=0$이어야 한다.

$$\int_0^{a+1} f(x)\,dx=\int_0^{a+1} x(x-a)(x-a-1)\,dx$$
$$=\int_0^{a+1}\{x^3-(2a+1)x^2+a(a+1)x\}\,dx$$
$$=\left[\frac{1}{4}x^4-\frac{2a+1}{3}x^3+\frac{a(a+1)}{2}x^2\right]_0^{a+1}$$
$$=\frac{(a+1)^4}{4}-\frac{(2a+1)(a+1)^3}{3}+\frac{a(a+1)^3}{2}$$
$$=\frac{(a+1)^3}{12}\{3(a+1)-4(2a+1)+6a\}$$
$$=\frac{(a+1)^3(a-1)}{12}=0$$

이때 $a>0$이므로 $(a+1)^3\neq0$

따라서 $a-1=0$이므로 $a=1$

194 답 108

$f'(x)$는 이차함수이고, $y=f'(x)$의 그래프와 x축의 교점의 x좌
표가 0, 4이므로

$f'(x)=ax(x-4)$ $(a>0)$이라 하면

$$f(x)=\int ax(x-4)\,dx$$
$$=a\int (x^2-4x)\,dx$$
$$=a\left(\frac{1}{3}x^3-2x^2\right)+C \text{ (단, } C \text{는 적분상수)}$$

$f(0)=0$이므로 $C=0$

$f(3)=-27$이므로

$f(3)=a\times(9-18)=-9a=-27$

$\therefore a=3$

$\therefore f(x)=3\left(\frac{1}{3}x^3-2x^2\right)=x^3-6x^2$

곡선 $y=f(x)$와 x축의 교점의 x좌표는

$x^3-6x^2=0$에서 $x^2(x-6)=0$

$\therefore x=0$ 또는 $x=6$

따라서 곡선 $y=f(x)$와 x축으로 둘러싸인 부분의 넓이는

$$\int_0^6 |x^3-6x^2|\,dx=\int_0^6 (-x^3+6x^2)\,dx$$
$$=\left[-\frac{1}{4}x^4+2x^3\right]_0^6$$
$$=-324+432$$
$$=108$$

195 답 ③

곡선 $y=f(x)$와 선분 AB로 둘러
싸인 도형의 넓이는 정사각형 넓
이의 $\frac{1}{2}$과 같으므로

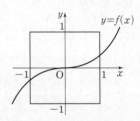

$$\int_{-1}^1 \{f(x)-(-1)\}\,dx$$
$$=\int_{-1}^1 \left(\frac{1}{4}x^3+ax^2+\frac{1}{12}x+1\right)dx$$
$$=2\int_0^1 (ax^2+1)\,dx$$
$$=2\left[\frac{a}{3}x^3+x\right]_0^1$$
$$=2\left(\frac{a}{3}+1\right)$$

에서 $2\left(\frac{a}{3}+1\right)=2$ $\quad\therefore a=0$

따라서 $f(x)=\frac{1}{4}x^3+\frac{1}{12}x$이므로

$$\int_0^1 f(x)\,dx=\int_0^1 \left(\frac{1}{4}x^3+\frac{1}{12}x\right)dx$$
$$=\left[\frac{1}{16}x^4+\frac{1}{24}x^2\right]_0^1$$
$$=\frac{1}{16}+\frac{1}{24}=\frac{5}{48}$$

다른 풀이

정사각형 ABCD는 원점에 대하여 대칭인 도형이고,
곡선 $y=f(x)$는 원점을 지나는 곡선이므로 정사각형 ABCD의 넓이를 이등분하려면 원점에 대하여 대칭인 곡선 이어야 한다.

$\therefore a=0$

196 답 4

두 곡선 $y=3x^3-7x^2$과 $y=-x^2$의 교점의 x좌표는

$3x^3-7x^2=-x^2$에서

$3x^3-6x^2=0$, $3x^2(x-2)=0$

$\therefore x=0$ 또는 $x=2$

두 곡선 $y=3x^3-7x^2$과 $y=-x^2$으로 둘러싸인 부분의 넓이를 S라 하면

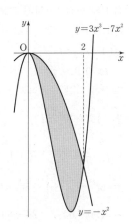

$$S=\int_0^2 \{-x^2-(3x^3-7x^2)\}\,dx$$

$$=\int_0^2 (-3x^3+6x^2)\,dx$$

$$=\left[-\frac{3}{4}x^4+2x^3\right]_0^2$$

$$=4$$

197 답 ①

두 곡선 $y=x^2-5x-6$, $y=-x^2+3x+4$의 교점의 x좌표는

$x^2-5x-6=-x^2+3x+4$에서

$2x^2-8x-10=0$, $2(x^2-4x-5)=0$

$2(x+1)(x-5)=0$

$\therefore x=-1$ 또는 $x=5$

따라서 구하는 넓이를 S라 하면

$$S=\int_{-1}^5 \{(-x^2+3x+4)-(x^2-5x-6)\}\,dx$$

$$=\int_{-1}^5 (-2x^2+8x+10)\,dx$$

$$=\left[-\frac{2}{3}x^3+4x^2+10x\right]_{-1}^5$$

$$=\left(-\frac{250}{3}+100+50\right)-\left(\frac{2}{3}+4-10\right)$$

$$=\frac{200}{3}-\left(-\frac{16}{3}\right)=72$$

다른 풀이

$$\int_{-1}^5 (-2x^2+8x+10)\,dx=-2\int_{-1}^5 (x+1)(x-5)\,dx$$

$$=\frac{2\{5-(-1)\}^3}{6}$$

$$=72$$

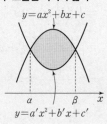
198 답 ③

$f(x)=2x^3-6x^2+10$이라 하면

$f'(x)=6x^2-12x=6x(x-2)$

이때 $f'(2)=0$이므로 곡선 $y=f(x)$ 위의 점 $(2, 2)$에서의 접선의 방정식은 $y=2$이다.

곡선 $y=2x^3-6x^2+10$과 직선 $y=2$의 교점의 x좌표는

$2x^3-6x^2+10=2$에서

$x^3-3x^2+4=0$, $(x+1)(x-2)^2=0$

$\therefore x=-1$ 또는 $x=2$

따라서 구하는 넓이를 S라 하면

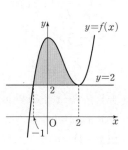

$$S=\int_{-1}^2 \{(2x^3-6x^2+10)-2\}\,dx$$

$$=\int_{-1}^2 (2x^3-6x^2+8)\,dx$$

$$=\left[\frac{1}{2}x^4-2x^3+8x\right]_{-1}^2$$

$$=(8-16+16)-\left(\frac{1}{2}+2-8\right)$$

$$=8-\left(-\frac{11}{2}\right)$$

$$=\frac{27}{2}$$

199 답 80

$f(x)=\frac{1}{2}x^3-2x^2+3x$라 하면

$f'(x)=\frac{3}{2}x^2-4x+3=\frac{3}{2}\left(x-\frac{4}{3}\right)^2+\frac{1}{3}>0$

이므로 함수 $f(x)$는 실수 전체의 집합에서 증가한다.

이때 $y=f(x)$의 그래프와 그 역함수 $y=f^{-1}(x)$의 그래프의 교점은 직선 $y=x$ 위에 있으므로 $f(x)=x$에서

$\frac{1}{2}x^3-2x^2+3x=x$

$x(x-2)^2=0$

$\therefore x=0$ 또는 $x=2$

따라서 두 함수 $y=f(x)$, $y=f^{-1}(x)$의 그래프로 둘러싸인 부분의 넓이는 함수 $y=f(x)$의 그래프와 직선 $y=x$로 둘러싸인 부분의 넓이의 2배이므로

$$\frac{1}{2}S=\int_0^2\left\{\left(\frac{1}{2}x^3-2x^2+3x\right)-x\right\}dx$$
$$=\int_0^2\left(\frac{1}{2}x^3-2x^2+2x\right)dx$$
$$=\left[\frac{1}{8}x^4-\frac{2}{3}x^3+x^2\right]_0^2$$
$$=2-\frac{16}{3}+4=\frac{2}{3}$$
$$\therefore S=\frac{4}{3}$$
$$\therefore 60S=60\times\frac{4}{3}=80$$

200 답 27

곡선 $y=-x^2+3x$와 직선 $y=x$의 교점의 x좌표는
$-x^2+3x=x$에서
$x^2-2x=0,\ x(x-2)=0$
$\therefore x=0$ 또는 $x=2$
$$S_1=\int_0^2\{(-x^2+3x)-x\}dx$$
$$=\int_0^2(-x^2+2x)dx$$
$$=\left[-\frac{1}{3}x^3+x^2\right]_0^2$$
$$=-\frac{8}{3}+4=\frac{4}{3}$$
곡선 $y=-x^2+3x$와 x축의 교점의 x좌표는
$-x^2+3x=0$에서
$x(x-3)=0$
$\therefore x=0$ 또는 $x=3$
$$S_1+S_2=\int_0^3(-x^2+3x)dx$$
$$=\left[-\frac{1}{3}x^3+\frac{3}{2}x^2\right]_0^3$$
$$=-9+\frac{27}{2}=\frac{9}{2}$$
이때 $S_2=\frac{9}{2}-\frac{4}{3}=\frac{19}{6}$이므로
$$\frac{S_2}{S_1}=\frac{\frac{19}{6}}{\frac{4}{3}}=\frac{19}{8}$$
따라서 $p=8,\ q=19$이므로
$p+q=8+19=27$

201 답 ③

점 P가 움직이는 방향을 바꾸는 시각을 $k\ (k>0)$이라 하면
$v(k)=k^2-ak=0$에서
$k=a$
따라서 점 P는 시각 $t=a$일 때 움직이는 방향이 바뀌므로 시각
$t=0$에서 $t=a$까지 움직인 거리는

$$\int_0^a|v(t)|\,dt=\int_0^a(-t^2+at)\,dt$$
$$=\left[-\frac{1}{3}t^3+\frac{a}{2}t^2\right]_0^a$$
$$=-\frac{1}{3}a^3+\frac{1}{2}a^3$$
$$=\frac{1}{6}a^3$$
이므로 $\frac{1}{6}a^3=\frac{9}{2}$에서
$a^3=27$ $\therefore a=3$

202 답 23

점 P의 시각 t에서의 속도가 $v(t)=12t-3t^2$이므로
속도가 0인 시각은 $12t-3t^2=0$에서
$3t(4-t)=0$
$\therefore t=0$ 또는 $t=4$
점 P가 시각 $t=2$에서 $t=5$까지 움직인 거리는
$$\int_2^5|12t-3t^2|\,dt$$
$$=\int_2^4(12t-3t^2)\,dt+\int_4^5(-12t+3t^2)\,dt$$
$$=\left[6t^2-t^3\right]_2^4+\left[-6t^2+t^3\right]_4^5$$
$$=\{(96-64)-(24-8)\}+\{(-150+125)-(-96+64)\}$$
$$=23$$

203 답 ①

시각 $t=0$에서 $t=2a$까지 점 P의 위치의 변화량이 $60a$이므로
$$\int_0^{2a}v(t)\,dt=\int_0^{2a}(3t^2+t+a)\,dt$$
$$=\left[t^3+\frac{1}{2}t^2+at\right]_0^{2a}$$
$$=8a^3+4a^2=60a$$
$a(2a^2+a-15)=0$
$a(a+3)(2a-5)=0$
$\therefore a=\frac{5}{2}\ (\because a>0)$

204 답 ③

원점을 출발한 점 P가 다시 원점으로 돌아오는 시각을 t_0초라 하면
시각 t_0에서의 점 P의 위치는 0이므로
$$\int_0^{t_0}v(t)\,dt=\int_0^{t_0}a(t^2-4t)\,dt$$
$$=a\left[\frac{1}{3}t^3-2t^2\right]_0^{t_0}$$
$$=\frac{a}{3}t_0^2(t_0-6)=0$$
에서 $t_0=6\ (\because t_0>0)$
따라서 점 P가 출발한 지 6초 후에 다시 원점으로 돌아온다.

205 답 ②

$4x^3-2f(x)=2x+f(-x)$ …… ㉠

㉠의 양변에 x 대신 $-x$를 대입하면

$-4x^3-2f(-x)=-2x+f(x)$ …… ㉡

또한, ㉠에서 $f(-x)=4x^3-2x-2f(x)$이므로

이 식을 ㉡에 대입하면

$-4x^3-2\{4x^3-2x-2f(x)\}=-2x+f(x)$

$3f(x)=12x^3-6x$

$\therefore f(x)=4x^3-2x$

$\therefore \displaystyle\int_0^2 f(x)\,dx=\int_0^2 (4x^3-2x)\,dx$

$\qquad\qquad\qquad =\Big[x^4-x^2\Big]_0^2$

$\qquad\qquad\qquad =16-4=12$

206 답 40

곡선 $y=(x-a)^2$과 직선 $y=4$가 만나는 점의 x좌표는

$(x-a)^2=4$에서

$x=a-2$ 또는 $x=a+2$

오른쪽 그림과 같이 곡선
$y=f(x)$와 x축, y축 및 직선
$x=a-2$로 둘러싸인 부분의 넓
이를 S_3이라 하면 $S_1=S_2$이므로

$S_1+S_3=S_2+S_3$ …… ㉠

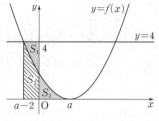

이때

$S_1+S_3=4|a-2|=4(2-a)=8-4a\ (\because 0<a<2)$이고,

$S_2+S_3=\displaystyle\int_{a-2}^{a}(x-a)^2\,dx=\int_{-2}^{0}x^2\,dx$

$\qquad\qquad =\Big[\dfrac{1}{3}x^3\Big]_{-2}^{0}=\dfrac{8}{3}$

이므로 ㉠에서

$8-4a=\dfrac{8}{3}$, $4a=\dfrac{16}{3}$ $\therefore a=\dfrac{4}{3}$

$\therefore 30a=30\times\dfrac{4}{3}=40$

207 답 ④

조건 (가)에서

$\displaystyle\int_{-2}^{2}f(x)\,dx=\int_{-2}^{2}(x^3+ax^2+bx-5)\,dx$

$\qquad\qquad\qquad =2\displaystyle\int_0^2 (ax^2-5)\,dx$

$\qquad\qquad\qquad =2\Big[\dfrac{a}{3}x^3-5x\Big]_0^2$

$\qquad\qquad\qquad =2\Big(\dfrac{8}{3}a-10\Big)=12$

$\therefore a=6$ …… ㉠

조건 (나)에서

함수 $f(x)$의 한 부정적분을 $F(x)$라 하면

$\displaystyle\lim_{h\to0}\dfrac{1}{h}\int_{-h-1}^{3h-1}f(x)\,dx$

$=\displaystyle\lim_{h\to0}\dfrac{F(3h-1)-F(-h-1)}{h}$

$=\displaystyle\lim_{h\to0}\left\{\dfrac{F(3h-1)-F(-1)-F(-h-1)+F(-1)}{h}\right\}$

$=3\displaystyle\lim_{h\to0}\left\{\dfrac{F(3h-1)-F(-1)}{3h}\right\}$

$\qquad\qquad +\displaystyle\lim_{h\to0}\left\{\dfrac{F(-h-1)-F(-1)}{-h}\right\}$

$=3F'(-1)+F'(-1)$

$=4F'(-1)$

$=4f(-1)$

$=-20$

이므로 $f(-1)=-5$ …… ㉡

$f(x)=x^3+ax^2+bx-5$의 양변에 $x=-1$을 대입하면

$f(-1)=-1+a-b-5$

$6-b-6=-5\ (\because ㉠,\ ㉡)$

$\therefore b=5$

$\therefore a+b=6+5=11$

208 답 ④

$f'(x)=g(x)$이므로

$f(x)=\displaystyle\int g(x)\,dx$

$\qquad =\displaystyle\int (x^3+3x^2-9x+a)\,dx$

$\qquad =\dfrac{1}{4}x^4+x^3-\dfrac{9}{2}x^2+ax+C$ (단, C는 적분상수)   …… ㉠

$g'(x)=h(x)$이므로

$h(x)=g'(x)=3x^2+6x-9$

$\qquad\quad =3(x+3)(x-1)$

$f(x)$를 $h(x)$로 나누었을 때의 몫을 $Q(x)$라 하면

$f(x)=h(x)Q(x)=3(x+3)(x-1)Q(x)$

$f(-3)=f(1)=0$이므로 ㉠에서

$f(-3)=\dfrac{81}{4}-27-\dfrac{81}{2}-3a+C=0$

$\therefore 3a-C=-\dfrac{189}{4}$ …… ㉡

$f(1)=\dfrac{1}{4}+1-\dfrac{9}{2}+a+C=0$

$\therefore a+C=\dfrac{13}{4}$ …… ㉢

㉡, ㉢을 연립하여 풀면

$a=-11$, $C=\dfrac{57}{4}$

따라서 $f(0)=C=\dfrac{57}{4}$, $g(0)=a=-11$이므로

$4f(0)+g(0)=4\times\dfrac{57}{4}+(-11)=46$

209 답 ②

곡선 $y=x^2-1$과 직선 $y=4x+4$가 만나는 점의 x좌표는

$x^2-1=4x+4$에서

$x^2-4x-5=0$, $(x+1)(x-5)=0$

$\therefore x=-1$ 또는 $x=5$

곡선 $y=f(x)$와 직선 $y=g(x)$로 둘러싸인 부분의 넓이를 S_1, $-1\le x\le k$ $(-1<k<5)$에서 곡선 $y=f(x)$와 직선 $y=g(x)$로 둘러싸인 부분의 넓이를 S_2라 하면

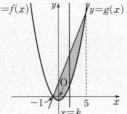

$S_1=\displaystyle\int_{-1}^{5}|g(x)-f(x)|\,dx$

$=\displaystyle\int_{-1}^{5}|4x+4-(x^2-1)|\,dx$

$=\displaystyle\int_{-1}^{5}(-x^2+4x+5)\,dx$

$=\left[-\dfrac{1}{3}x^3+2x^2+5x\right]_{-1}^{5}$

$=\left(-\dfrac{125}{3}+50+25\right)-\left(\dfrac{1}{3}+2-5\right)$

$=\dfrac{100}{3}-\left(-\dfrac{8}{3}\right)=36$

$S_2=\displaystyle\int_{-1}^{k}|g(x)-f(x)|\,dx$

$=\displaystyle\int_{-1}^{k}|4x+4-(x^2-1)|\,dx$

$=\displaystyle\int_{-1}^{k}(-x^2+4x+5)\,dx$

$=\left[-\dfrac{1}{3}x^3+2x^2+5x\right]_{-1}^{k}$

$=-\dfrac{1}{3}k^3+2k^2+5k+\dfrac{8}{3}$

이때 $S_2=\dfrac{1}{2}S_1$이므로

$-\dfrac{1}{3}k^3+2k^2+5k+\dfrac{8}{3}=18$

$k^3-6k^2-15k+46=0$, $(k-2)(k^2-4k-23)=0$

$\therefore k=2\ (\because -1<k<5)$

즉, $\displaystyle\int_{-1}^{k}\{g(x)-f(x)\}\,dx=S_2=18$

$\therefore k+\displaystyle\int_{-1}^{k}\{g(x)-f(x)\}\,dx=2+18=20$

다른 풀이

곡선 $y=x^2-1$과 직선 $y=4x+4$가 만나는 점의 x좌표는

$x^2-1=4x+4$에서

$x^2-4x-5=0$, $(x+1)(x-5)=0$

$\therefore x=-1$ 또는 $x=5$

곡선 $y=f(x)$와 직선 $y=g(x)$로 둘러싸인 부분의 넓이는

$\displaystyle\int_{-1}^{5}|g(x)-f(x)|\,dx=\displaystyle\int_{-1}^{5}\{g(x)-f(x)\}\,dx$

$\qquad=\displaystyle\int_{-1}^{5}(4x+4-x^2+1)\,dx$

$\qquad=-\displaystyle\int_{-1}^{5}(x^2-4x-5)\,dx$

이것은 곡선 $y=x^2-4x-5$와 x축으로 둘러싸인 부분의 넓이와 같다.

이때 이차함수 $y=x^2-4x-5$와 x축으로 둘러싸인 넓이는 대칭축 $x=2$에 의하여 이등분된다.

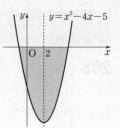

$\therefore k=2$

따라서

$\displaystyle\int_{-1}^{k}\{g(x)-f(x)\}\,dx=-\displaystyle\int_{-1}^{2}(x^2-4x-5)\,dx$

$\qquad=-\left[\dfrac{1}{3}x^3-2x^2-5x\right]_{-1}^{2}$

$\qquad=-\left(-\dfrac{46}{3}-\dfrac{8}{3}\right)$

$\qquad=18$

이므로

$k+\displaystyle\int_{-1}^{k}\{g(x)-f(x)\}\,dx=2+18$

$\qquad\qquad\qquad\qquad=20$

210 답 30

$f(x)=(x+a)\displaystyle\int(2x+1)\,dx$

$\quad=(x+a)(x^2+x+C)$ (단, C는 적분상수)

$\therefore f'(x)=x^2+x+C+(x+a)(2x+1)$

$\quad=3x^2+2(a+1)x+a+C$

$\displaystyle\lim_{x\to1}\dfrac{f(x)-8}{x^2-1}=7$에서 $x\to1$일 때, 극한값이 존재하고 (분모) $\to0$이므로 (분자) $\to0$이어야 한다.

즉, $\displaystyle\lim_{x\to1}\{f(x)-8\}=0$에서 $f(1)=8$이어야 하므로

$(1+a)(1+1+C)=8$

$\therefore (1+a)(2+C)=8$ ...... ㉠

한편,

$\displaystyle\lim_{x\to1}\dfrac{f(x)-8}{x^2-1}=\displaystyle\lim_{x\to1}\left\{\dfrac{f(x)-f(1)}{x-1}\times\dfrac{1}{x+1}\right\}$

$\qquad\qquad=\dfrac{1}{2}f'(1)$

$\qquad\qquad=7$

에서 $f'(1)=14$이므로

$3+2(a+1)+a+C=14$

$3a+C=9$

$\therefore C=9-3a$ ...... ㉡

㉡을 ㉠에 대입하여 정리하면

$3a^2-8a-3=0$

$(3a+1)(a-3)=0$

$\therefore a=3\ (\because a>0)$

$a=3$을 ㉡에 대입하면

$C=0$

따라서 $f(x)=(x+3)(x^2+x)$이므로

$f(2)=5\times(4+2)=30$

211 답 256

두 점 P, Q의 시각 t에서의 위치를 각각 x_P, x_Q라 하면
$$x_P=\int_0^t (2s-4)\,ds+p$$
$$=\Big[s^2-4s\Big]_0^t+p$$
$$=t^2-4t+p$$
$$x_Q=\int_0^t (3s^2-12)\,ds$$
$$=\Big[s^3-12s\Big]_0^t$$
$$=t^3-12t$$
이때 두 점 P, Q 사이의 거리를 l이라 하면
$$l=|t^3-12t-(t^2-4t+p)|$$
$$=|t^3-t^2-8t-p|$$
$f(t)=t^3-t^2-8t-p$라 하면
$$f'(t)=3t^2-2t-8=(t-2)(3t+4)$$
$f'(t)=0$에서 $t=2$ ($\because t\geq 0$)
$t\geq 0$에서 함수 $f(t)$의 증가와 감소를 표로 나타내면 다음과 같다.

t	0	$\cdots$	2	$\cdots$
$f'(t)$		$-$	0	$+$
$f(t)$		$\searrow$	$-12-p$	$\nearrow$

즉, 함수 $f(t)$는 $t=2$에서 극소이며 최소이다.
한편, $l=|f(t)|$이고 $l\geq 4$에서 $f(t)\geq 4$이므로 $f(t)$의 최솟값은 4이다.
$$-12-p=4$$
$$\therefore p=-16$$
$$\therefore p^2=(-16)^2=256$$

212 답 ②

ㄱ. $F(x)=\int_3^x (t-2)f(t)\,dt$에서
$$F'(x)=(x-2)f(x)$$
$$=(x-2)(x^3-2x^2+5x)$$
$$=x(x-2)(x^2-2x+5)$$
그런데 모든 실수 x에 대하여
$$x^2-2x+5=(x-1)^2+4>0$$
이므로 이 이차방정식은 실근을 가지지 않는다.
따라서 $F'(x)=0$의 실근은 0 또는 2이므로 그 합은
$0+2=2$ (참)

ㄴ. $G(x)=\int_3^x xg(t)\,dt=x\int_3^x g(t)\,dt$에서
$$G'(x)=\int_3^x g(t)\,dt+xg(x)$$
따라서
$$G'(3)=\int_3^3 g(t)\,dt+3g(3)$$
$$=0+3\times(81-27-9)$$
$$=135 \text{ (참)}$$

ㄷ. 두 함수 $F(x)$, $G(x)$에 각각 $x=3$을 대입하면
$$F(3)=\int_3^3 (t-2)f(t)\,dt=0,$$
$$G(3)=\int_3^3 xg(t)\,dt=0$$
한편, $F(x)=\int_3^x (t-2)f(t)\,dt$에서
$$F'(x)=(x-2)f(x)$$이므로
$$F'(3)=f(3)=27-18+15=24$$
따라서 구하는 식의 값은
$$\lim_{x\to 3}\frac{F(x)}{G(x)}=\lim_{x\to 3}\frac{F(x)-F(3)}{G(x)-G(3)}$$
$$=\lim_{x\to 3}\frac{\dfrac{F(x)-F(3)}{x-3}}{\dfrac{G(x)-G(3)}{x-3}}$$
$$=\frac{\lim_{x\to 3}\dfrac{F(x)-F(3)}{x-3}}{\lim_{x\to 3}\dfrac{G(x)-G(3)}{x-3}}$$
$$=\frac{F'(3)}{G'(3)}$$
$$=\frac{24}{135} (\because \text{ㄴ})$$
$$=\frac{8}{45} \text{ (거짓)}$$

따라서 옳은 것은 ㄱ, ㄴ이다.

213 답 ④

$$\int_a^x f(t)\,dt=\begin{cases} x^2(x-a)-3x+b & (x\geq a) \\ x^2(a-x)-3x+b & (x<a) \end{cases}$$
의 양변을 x에 대하여 미분하면
$$f(x)=\begin{cases} 3x^2-2ax-3 & (x>a) \\ -3x^2+2ax-3 & (x<a) \end{cases}$$
모든 실수 전체의 집합에서 연속인 함수 $f(x)$는 $x=a$에서도 연속이므로
$$\lim_{x\to a+}f(x)=\lim_{x\to a-}f(x)=f(a)\text{이다.}$$
$$\lim_{x\to a+}f(x)=\lim_{x\to a+}(3x^2-2ax-3)$$
$$=3a^2-2a^2-3=a^2-3$$
$$\lim_{x\to a-}f(x)=\lim_{x\to a-}(-3x^2+2ax-3)$$
$$=-3a^2+2a^2-3=-a^2-3$$
에서 $a^2-3=-a^2-3$
$$2a^2=0 \quad \therefore a=0$$
$$\therefore f(x)=\begin{cases} -3x^2-3 & (x<0) \\ 3x^2-3 & (x\geq 0) \end{cases}$$
이때 $3x^2-3=0$에서
$$3(x+1)(x-1)=0$$
$$\therefore x=1 (\because x\geq 0)$$
따라서 곡선 $y=f(x)$와 x축 및 y축으로 둘러싸인 부분의 넓이 A는

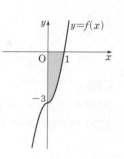

$$A = \int_0^1 |3x^2 - 3|\, dx = \int_0^1 (-3x^2 + 3)\, dx$$
$$= \left[-x^3 + 3x \right]_0^1 = 2$$
$$\therefore\ a + A = 0 + 2 = 2$$

214 답 44

$$g(x) = \int_2^x (t-2) f'(t)\, dt \quad \cdots\cdots \ \text{㉠}$$

에서 $g(2) = 0$이고

㉠의 양변을 x에 대하여 미분하면

$$g'(x) = (x-2) f'(x) \qquad \therefore\ g'(2) = 0$$

이때 함수 $f(x)$는 최고차항의 계수가 양수인 삼차함수이므로 함수 $g(x)$는 최고차항의 계수가 양수인 사차함수이다.

즉, $g(2) = g'(2) = 0$과 두 조건 (가), (나)를 모두 만족시키는 함수 $y = g(x)$의 그래프의 개형은 다음 그림과 같다.

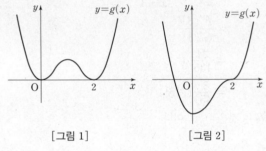

[그림 1]   [그림 2]

이 중에서 $g(0) < 0$을 만족시키는 함수 $y = g(x)$의 그래프의 개형은 [그림 2]이다.

$$g'(x) = ax(x-2)^2 = a(x^3 - 4x^2 + 4x) \ (a > 0)$$

이라 하면

$$g(x) = \int g'(x)\, dx = a \int (x^3 - 4x^2 + 4x)\, dx$$
$$= a \left(\frac{1}{4} x^4 - \frac{4}{3} x^3 + 2x^2 \right) + C \ (\text{단, } C \text{는 적분상수})$$

$g(2) = 0$이므로

$$a \left(4 - \frac{32}{3} + 8 \right) + C = 0 \qquad \therefore\ C = -\frac{4}{3} a$$

즉, $g(x) = a \left(\frac{1}{4} x^4 - \frac{4}{3} x^3 + 2x^2 - \frac{4}{3} \right)$이므로

$$g(0) = -\frac{4}{3} a$$

$$g(3) = a \left(\frac{81}{4} - 36 + 18 - \frac{4}{3} \right) = \frac{11}{12} a$$

따라서 $\left| \dfrac{g(3)}{g(0)} \right| = \left| \dfrac{\frac{11}{12} a}{-\frac{4}{3} a} \right| = \dfrac{11}{16}$이므로

$$p = \frac{11}{16}$$

$$\therefore\ 64p = 64 \times \frac{11}{16} = 44$$

참고

사차함수 $y = g(x)$의 그래프의 개형이 [그림 2]와 같은 경우는 삼차방정식 $g'(x) = 0$의 해가 $x = 0$ 또는 $x = 2$ (중근)일 때이다.

메가스터디 고등학습 시리즈

메가스터디 N제

수학영역 수학 Ⅱ | 3점 공략

정답 및 해설

메가스터디BOOKS

내용 문의 02-6984-6901 | 구입 문의 02-6984-6868,9 | www.megastudybooks.com

최신 기출 *All* ✕ 우수 기출 *Pick*

수능 기출 올픽

수능 만점을 위한
새로운 기출 학습의 시작

수능 대비에 꼭 필요한 기출문제만 담았다!
BOOK 1 ✕ BOOK 2 효율적인 학습 구성

BOOK 1 　최신 3개년 수능·평가원 등 기출 전체 수록
BOOK 2 　최신 3개년 이전 기출 중 우수 문항 선별 수록

국어 문학 | 독서
수학 수학 I | 수학 II | 확률과 통계 | 미적분
영어 독해

메가스터디BOOKS

메가스터디북스 수능 시리즈

레전드 수능 문제집

메가스터디 N제

- [국어] EBS 빈출 및 교과서 수록 지문 집중 학습
- [영어] 핵심 기출 분석과 유사·변형 문제 집중 훈련
- [수학] 3점 공략, 4점 공략의 수준별 문제 집중 훈련

국어 문학 | 독서
영어 독해 | 고난도·3점 | 어법·어휘
수학 수학 I 3점 공략 | 4점 공략
　　　 수학 II 3점 공략 | 4점 공략
　　　 확률과 통계 | 미적분
과탐 지구과학 I

수능 만점 훈련 기출서 ALL x PICK

수능 기출 올픽

- 최근 3개년 기출 전체 수록 ALL
  최근 3개년 이전 우수 기출 선별 수록 PICK
- 북1 + 북2 구성으로 효율적인 기출 학습 가능
- 효과적인 수능 대비에 포커싱한
  엄격한 기출문제 분류 → 선별 → 재배치

국어 문학 | 독서
영어 독해
수학 수학 I | 수학 II | 확률과 통계 | 미적분

수능 수학 개념 기본서

메가스터디 수능 수학 KICK

- 수능 필수 개념을 체계적으로 정리 · 훈련
- 수능에 자주 출제되는 3점, 쉬운 4점 중심
  문항으로 수능 실전 대비
- 본책의 필수예제와 1:1 매칭된 워크북 수록

수학 I | 수학 II | 미적분 | 확률과 통계

수능 기초 중1~고1 수학 개념 5일 완성

수능 잡는 중학 수학

- 하루 1시간 5일 완성 커리큘럼
- 수능에 꼭 나오는 중1~고1 수학 필수 개념 50개
- 메가스터디 현우진, 김성은 쌤 강력 추천

메가스터디 수능 영어 대표 조정식 기초 어법

괜찮아 어법

- 조정식선생님의 명확한 개념 설명
- 시험에 나오는 문법 중심으로 효율적인 학습
- 긴 문장으로 어법 개념 및 독해 기초 완성
- 별책 '워크북'으로 완벽한 마무리

똑같은 기출서, 해설이 등급을 가른다!

기출정식 고1·고2 영어

- 유형별 접근법 제시로 문제 해결력 Up!
- 지문 구조 분석으로 유사·변형 문제까지 커버
- 독해+어법·어휘 단권 완성

고1 | 고2

메가스터디 고등학습 시리즈

메가스터디 N제

수학영역 수학 II | 3점 공략

메가스터디북스는 이 도서의
본문에 콩기름 친환경 잉크를
사용했습니다.

메가스터디BOOKS

내용 문의 02-6984-6901 | 구입 문의 02-6984-6868,9 | www.megastudybooks.com

53410

ISBN 979-11-297-1109-0

값 15,500원

PRINTED WITH
SOY INK.

메가스터디북스는 이 도서의
본문에 콩기름 친환경 잉크를
사용했습니다.

메가스터디 N제

수학영역 수학 I | 4점 공략

수능 완벽 대비 예상 문제집

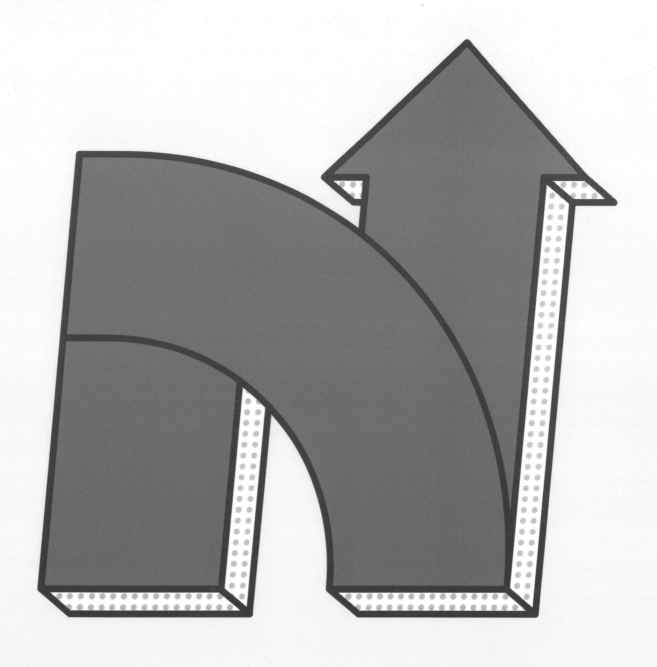

190제

메가스터디BOOKS

수학 I 4점 공략 190제를 집필해주신 선생님

권백일 선생님 양정고 교사	이경진 선생님 중동고 교사	조정묵 선생님 (前) 여의도여고 교사	한용익 선생님 서울국제고 교사
김성남 선생님 성남고 교사	이향수 선생님 명일여고 교사	한명주 선생님 명일여고 교사	홍진철 선생님 중동고 교사
남선주 선생님 경기고 교사	정재복 선생님 양정고 교사		

수학 I 4점 공략 190제를 검토해주신 선생님

강홍규 선생님 최강학원(대전)	노기태 선생님 대찬학원(대전)	오경민 선생님 수학의힘 경인본원	이청원 선생님 이청원 수학학원
곽정오 선생님 유앤아이영어수학학원(광주)	박대희 선생님 실전수학	왕건일 선생님 토모수학학원(인천)	이현미 선생님 장대유레카학원
권혁동 선생님 매쓰뷰학원	박임수 선생님 고탑 수학학원	우정림 선생님 크누 KNU입시학원	임태형 선생님 생각하는방법학원
기진영 선생님 밀턴수학 학원	박종화 선생님 한뜻학원(안산)	유성규 선생님 현수학 전문학원(청라)	장익수 선생님 코아수학 2관학원(일산)
김동희 선생님 김동희 수학학원	박주현 선생님 장훈고등학교	유영석 선생님 수학서당 학원	전지호 선생님 수풀림학원
김 민 선생님 교진학원	박주환 선생님 MVP 수학학원	유정관 선생님 TIM수학학원	정금남 선생님 삼성이룸학원
김민희 선생님 화정고등학교	박 진 선생님 장군수학	유지민 선생님 백미르 수학학원	정혜승 선생님 샤인학원(전주)
김성은 선생님 블랙박스 수학과학 전문학원	배세혁 선생님 수클래스학원	윤다감 선생님 트루탑 학원	정혜인 선생님 뿌리와샘 입시학원
김연지 선생님 CL 학숙	배태선 선생님 쎈텀수학학원(인천)	윤치훈 선생님 의치한약수 수학교습소	정효석 선생님 최상휘하다 학원
김영현 선생님 거인의 어깨위 영어수학전문학원	백경훈 선생님 우리 영수 전문학원	이대진 선생님 사직 더매쓰 수학전문학원	조보미 선생님 정면돌파학원
김영환 선생님 종로학원하늘교육(구월지점)	백종훈 선생님 자성학원(인천)	이동훈 선생님 이동훈 수학학원	조성찬 선생님 카이수학학원(전주)
김우철 선생님 탑수학학원(제주)	서희광 선생님 최강학원(인천)	이문형 선생님 대영학원(대전)	조재천 선생님 와튼학원
김정규 선생님 제이케이 수학학원(인천)	설홍진 선생님 현수학 전문학원(청라)	이미형 선생님 좋은습관 에토스학원	최규종 선생님 뉴토모수학전문학원
김정암 선생님 정암수학학원	성영재 선생님 성영재 수학전문학원	이상헌 선생님 엘리트 대종학원(아산)	최돈권 선생님 송원학원
김정희 선생님 중동고등학교	손은복 선생님 한뜻학원(안산)	이성준 선생님 공감수학(대구)	최원석 선생님 명사특강학원
김종성 선생님 분당파인만학원	손태수 선생님 트루매쓰학원	이성준 선생님 정면돌파학원	최정휴 선생님 엘리트 에듀 학원
김진혜 선생님 우성학원(부산)	심수미 선생님 김경민 수학전문학원	이운학 선생님 1등급 만드는 강한수학 학원	한상복 선생님 강북 메가스터디학원
김하현 선생님 로지플 수학학원(하남)	안준호 선생님 정면돌파학원	이은영 선생님 탄탄학원(창녕)	한상원 선생님 위례수학전문 일비충천
김호원 선생님 원수학원	양강일 선생님 양쌤수학과학 학원	이재명 선생님 청진학원	한세훈 선생님 마스터플랜 수학학원
김흥국 선생님 노량진 메가스터디학원	양영진 선생님 이룸 영수 전문학원	이정재 선생님 진학원(일산)	한제욱 선생님 한제욱 수학학원
김희진 선생님 엑시엄학원	양 훈 선생님 델타학원(대구)	이철호 선생님 파스칼 수학학원(군포)	황성대 선생님 알고리즘 김국희 수학학원

메가스터디 N제
수학영역 수학 I 4점 공략 190제

발행일	2023년 12월 22일
펴낸곳	메가스터디(주)
펴낸이	손은진
개발 책임	배경윤
개발	김민, 신상희, 성기은, 오성한
디자인	이정숙, 신은지, 윤재경
마케팅	엄재욱, 김세정
제작	이성재, 장병미
주소	서울시 서초구 효령로 304(서초동) 국제전자센터 24층
대표전화	1661.5431
홈페이지	http://www.megastudybooks.com
출간제안/원고투고	writer@megastudy.net
출판사 신고 번호	제 2015-000159호

메가스터디BOOKS

'메가스터디북스'는 메가스터디㈜의 출판 전문 브랜드입니다.
유아/초등 학습서, 중고등 수능/내신 참고서는 물론, 지식, 교양, 인문 분야에서 다양한 도서를 출간하고 있습니다.